企业节能系列国家标准实施指南统一宣贯教材

GB/T 22336—2008
《企业节能标准体系编制通则》
应用指南

赵跃进　主　编
李爱仙　副主编

中国标准出版社
北　京

图书在版编目(CIP)数据

GB/T 22336—2008《企业节能标准体系编制通则》应用指南/赵跃进主编.—北京:中国标准出版社,2009(2011.8重印)
ISBN 978-7-5066-5395-4

Ⅰ.G… Ⅱ.赵… Ⅲ.企业—节能—标准—制定—中国—指南 Ⅳ.TK01-65 F270-65

中国版本图书馆CIP数据核字(2009)第128752号

中国标准出版社出版发行
北京复兴门外三里河北街16号
邮政编码:100045
网址 www.spc.net.cn
电话:68523946 68517548
中国标准出版社秦皇岛印刷厂印刷
各地新华书店经销

*

开本 787×1092 1/16 印张 11.5 字数 260 千字
2009年9月第一版 2011年8月第四次印刷

*

定价 32.00 元

编委会名单

主　编　赵跃进

副主编　李爱仙

撰稿人　（按姓氏笔画排序）

王巍巍　刘　阳　刘岩峰　吕晓波

陈海红　李爱仙　李鹏程　张　新

赵跃进　徐立新

前　言

建立企业节能标准体系是深入、全面、科学抓好企业节能工作的一项重要手段，也是提高企业节能管理水平的一项重要措施。如果企业没有建立节能标准体系，就难以安排、落实和控制每个用能环节的节能工作，也难以使企业的节能工作程序化、定量化和系统化，从而使企业的节能工作局限于个别用能环节或盲目的实施，造成企业能源严重浪费或节能成本的增加。

能源是一个国家国民经济的命脉，尤其是工业化国家，其经济的发展和国民生活水平的提高对能源的依赖程度越来越高，能源供应也就成为影响国民经济发展的重要因素。

自改革开放以来，我国经济在一个较长的时期内高速持续发展，迅速成为世界上的工业生产大国，国内生产总值(GDP)从1978年的世界排名第10位跃居到2007年的第4位，平均GDP的增长率高达11.4%。

在我国从农业化国家向工业化国家转变的过程中，随着每次工业化的扩张，我国的能源消耗也不断攀升，出现了过去从没经历过的能源供不应求的局面。全国能源总消费量从1978年的5.71亿吨标准煤(tce)增加到2006年的24.63亿tce[1)]，年能源消费量增长了4.3倍，能源自给自足的局面从此消失。自1993年起，我国能源消费总量超过能源生产总量，并且能源需求的缺口不断扩大，到2006年高达18 806万tce[2)]，这使我国不得不依赖能源进口保持我国能源供需平衡，因此我国也从能源出口国变为能源进口大国，在能源供应上面临着越来越大的压力。

特别是加入世界贸易组织(WTO)后，我国逐渐演化为世界工业制造基地，耗能较大的工业生产不断从世界各地的发达国家向我国转移，从而造成了我国新一轮的能源紧张。能源消费增长率在2001年3.4%的基础上，2003年猛增到15.3%，创下了自改革开放以来能源消费增长率的最高点。从2002年至2006年，平均能源消费增长率高

1) 国家统计局2007年数据。1 tce=29.307 6 GJ，下同。

2) 数据来源于国家统计年鉴。

达11.5%。持续几年的高能源消费增长率使得我国能源生产捉襟见肘。自2002年后我国连续几年出现了电力供应不足的情况，在用电高峰期间不得不采取拉闸限电的措施，这在一定程度上严重影响了我国经济的持续发展。

为此，能源问题再次得到我国政府的高度重视。为应对能源短缺和能源安全，党的十六届五中全会提出把节约资源作为基本国策，并在“十一五”规划《纲要》中把“十一五”时期单位GDP能耗降低20%左右作为约束性指标。

2005年，党中央和国务院向全国人民提出建设节约型社会的方针。节约型社会的内涵是在保证国民经济稳定发展与人民生活水平不断提高的前提下，通过提高全民节约资源意识、完善节约资源体制、健全节约资源法规、推广节约资源技术、优化节约资源经济、实施节约资源管理、强化节约资源监督，从而最大限度地节约能源资源与物质资源。

作为消耗能源的企业，应从战略和全局的高度，充分认识节能工作的重要性和紧迫性，把节能工作摆在首要位置，采取综合的、更加有力的措施，进一步强化企业的节能工作。制定《企业节能标准体系编制通则》（以下简称《通则》）就是指导企业利用标准化管理手段做好企业的节能工作，使企业节能工作更全面、更深入地进行，从而保障每个企业完成节能目标，最终实现我国经济的可持续发展。

为了使读者能够认识建立企业节能标准体系的意义，理解节能标准体系对企业节能工作的指导作用，掌握建立和实施企业节能标准体系的方法，国家标准化管理委员会组织编写了本书。本书将从我国为什么要大力加强节能工作，国家在节能工作中采取了哪些措施，节能标准在节能工作中的重要作用，企业如何建立节能标准体系，企业如何收集标准信息等几方面加以论述。为了使本书具有资料性，特将一些与节能和标准化有关的法律、法规、文件以及国家和一些行业发布的节能标准目录作为本书的附录，以便读者查阅。

本书在编写中，得到了吉林省标准化研究院和沈阳标准化研究院的大力支持和帮助，在此表示衷心感谢。

编著者

2009年3月

目　录

第一章　建立企业节能标准体系的意义与作用 …… 1

第一节　我国能源现状 …… 1
第二节　我国节能法规、节能制度与政策 …… 12
第三节　节能法规中对节能标准的相关规定 …… 19
第四节　建立企业节能标准体系的必要性 …… 21

第二章　节能标准与国家节能标准体系 …… 26

第一节　标准与节能标准的基本概念 …… 26
第二节　标准分类 …… 28
第三节　国家节能标准体系 …… 31
第四节　节能标准的发展、现状及趋势 …… 35
第五节　国外节能标准概况 …… 69

第三章　《企业节能标准体系编制通则》标准的编制 …… 74

第一节　标准提出的背景 …… 74
第二节　标准编制的过程 …… 74
第三节　企业节能标准的调查与分析情况 …… 77

第四章　《企业节能标准体系编制通则》内容释义 …… 82

第一节　范围 …… 82
第二节　术语和定义 …… 82
第三节　企业节能标准体系的编制原则和要求 …… 86
第四节　企业节能标准体系层次结构 …… 89
第五节　企业节能标准体系的编制格式 …… 98
第六节　各类节能基础标准、节能技术标准和节能管理标准示例 …… 100
第七节　企业节能标准体系实例 …… 102

第五章　节能标准的信息与收集 …… 104

第一节　企业节能标准信息 …… 104
第二节　企业节能标准信息工作及其主要内容 …… 105

附录1　中华人民共和国节约能源法 …… 113
附录2　中华人民共和国标准化法 …… 122
附录3　能源效率标识管理办法 …… 125
附录4　中国节能产品认证管理办法 …… 128
附录5　节能产品政府采购实施意见 …… 132
附录6　能源标准化管理办法 …… 133
附录7　节能项目节能量审核指南 …… 135
附录8　关于公布节能节水专用设备企业所得税优惠目录(2008年版)和环境保护专用设备企业所得税优惠目录(2008年版)的通知 …… 140
附录9　国务院关于加强节能工作的决定 …… 144
附录10　国务院办公厅关于深入开展全民节能行动的通知 …… 150
附录11　国家发展改革委关于做好中小企业节能减排工作的通知 …… 152
附录12　重点用能单位能源利用状况报告制度实施方案 …… 155
附录13　国家质检总局关于贯彻落实《中华人民共和国节约能源法》的实施意见 …… 158
附录14　国家质检总局关于贯彻落实国务院《节能减排综合性工作方案》的实施意见 …… 165
附录15　关于对重点耗能企业开展节能降耗服务活动的通知 …… 172

第一章　建立企业节能标准体系的意义与作用

第一节　我国能源现状

一、能源与节能

为认识建立企业节能标准体系的重要性，首先要了解我国能源的现状。在论述我国具体能源现状之前，我们有必要对“能源”和“节能”两个术语进行定义，以便更准确地理解。

1. 能源的概念

能源是可以直接或通过转换提供人类所需的能量资源。我们人类所接触的能源主要来源于四个方面：第一，直接或间接来自太阳的能量，如风能、煤、石油、天然气、水利发电等；第二，以热能的形式储藏在地球内部的地热能，如火山、地震、地热发电、温泉等能量；第三，各种核燃料资源，如原子弹、氢弹、核反应堆等能量；第四，月亮、太阳等天体与地球相互吸引所形成的能量，如潮汐能等。

在以上的能源中，有目前已经被人类广泛利用的能源，有目前正在研究开发的能源，也有尚未被开发的能源。煤炭、石油、天然气、生物质能（如薪柴）属于一次能源，是自然界中存在，没有经过人类加工、转换的能源。我国能源的使用量以煤炭最多，其次是石油和天然气，生物质能利用相对最少。电力、热力属于二次能源，是由一次能源或另一种二次能源经过加工、转换后而获得的能源。定义中的这些能源是我们生产和生活中使用最普遍的能源，也是我们节能工作所针对的主要能源。

可再生能源是可连续再生、连续利用的一次能源，新能源是在新技术的基础上系统地开发利用可再生能源，如太阳能、风能、海洋能、氢能等都属于新能源和可再生能源，也是当今技术革命的重要内容，是未来世界持久能源系统的基础。

2. 节能的概念

新《中华人民共和国节约能源法》（以下简称《节能法》）对“节能”一词的定义为：“节能是指加强用能管理，采取技术上可行、经济上合理以及环境和社会可以承受的措施，从能源生产到消费的各个环节，降低消耗、减少损失和污染物排放、制止浪费，有效、合理地利用能源”。

“加强用能管理，采取节能措施”是节能工作的基本方法。加强用能管理包括国家层面的宏观管理和调控，以及国家的节能政策、节能活动、节能标准、重点用能企业能源审计和节能监督检查等，同时也包括用能单位或企业层面的节能管理，如建立企业节能标准体系，实施节能目标责任制度、节能教育和培训制度、能源计量和统计制度等。

“技术上可行、经济上合理以及环境和社会可以承受”是进行节能工作的条件和原则。无论是国家层面的，还是企业层面的节能工作都有可操作性、经济性、环境性和社会性的问题，在实施节能工作之前要综合考虑，要做到短期利益服从长期利益，局部利益服从整体利益。在选择重要节能设备时应通过寿命周期成本分析等科学的经济评价法来进行评估，做到节能与经济效益获得最佳的效果。

“从能源生产到消费的各个环节，降低消耗、减少损失和污染物排放、制止浪费”是节能工作的主要方式。抓节能工作应是全范围的、全过程的和全人员的，使节能工作没有死角。节能工作还应是有系统、有规划、持续地进行和不断地提高。企业建立节能标准体系就是要为企业的节能工作打下一个科学的基础。

二、我国能源消费现状

1. 能源消费总量与人均消费量

“能源消费总量大，人均能源消费量小”，反映出了我国能效消费的特点。能源消费总量是衡量能源消费规模的指标，它是指一定时期内，一个国家或一定区域内各行业和居民生活消费的各种能源的总和。从我国能源消费总量的变化看，1977 年我国的能源消费总量为 5.2 亿 tce，2006 年为 24.6 亿 tce，在此期间，能源消费总量增加了 4.7 倍，能源消费规模的成倍扩大，无疑加剧了能源供应的紧张。

从国际情况看，2005 年全世界一次能源消费总量为 166.7 亿 tce，其中美国能源消费总量为36.3 亿 tce，占世界能源消费总量的 21.76%，居世界第一位。中国大陆能源消费总量为 24.2 亿 tce，占世界能源消费总量的 14.50%，居世界第二位。中国占世界如此大的能源消费总量比重，可见中国已是仅次于美国的能源消费大国。

我国人均能源消费量从 1980 年的 0.64 tce/a 增加到目前的 1.8 tce/a，20 多年来人均能源消耗增加了将近 2 倍。但目前中国人均能源消费量在世界上排名在 100 名左右，与巴西的水平相当，低于世界平均水平。所以在人均能源消费上，中国又是个较低的国家。以表 1-1 所示的数据计算，我国人均能源消费量约为世界平均水平的 72%，约为日本的 29%，美国的 15%。

表 1-1　世界一次能源消耗量和排位[1)]

排位	国家	能源消费量		排位	国家	能源消费量	
		总量/亿 tce	人均/tce			总量/亿 tce	人均/tce
1	美国	36.3	12.3	9	英国	3.6	6.0
2	中国	24.2	1.8	10	巴西	3.3	1.8
3	俄罗斯	10.9	7.6	11	韩国	3.3	6.9
4	日本	8.1	6.4	12	意大利	2.9	5.0
5	印度	5.8	0.5	13	伊朗	2.6	4.0
6	德国	5.2	6.3	14	墨西哥	2.5	2.3
7	加拿大	5.2	15.7	15	沙特阿拉伯	2.4	9.1
8	法国	4.1	6.5		世界	166.7	2.6

1) 信息来源：美国能源信息署(EIA)Energy Information Administration。

人均能源消费量的差异，反映了我国经济发展和人民生活水平同国外的差距。在我国能源消费总量名列世界前茅，而人均能源消费却低于世界水平的情况下，能够不断提高我国人均能源消耗吗？其答案是否定的，我们可以做以下推论。

假如我国目前一次能源人均消耗达到世界水平(2.6 tce/人)，我国能源总消费量将为 33.78 亿 tce，这占现有世界总消耗量的 20.3%，相当于目前我国加上非洲和中东地区的能源消费；假如我国人均消费达到日本水平(6.4 tce/人)，我国能源消耗总量将达 83.3 亿 tce，占现有世界消费总量的 50.0%，相当于我国、非洲、中东、欧洲和南美洲能源消费总量；假如我国人均消费达到美国水平(12.3 tce/人)，我国能源总消耗高达 160.3 亿 tce，为现有世界消费总量的 96.1%，接近世界能源消费总量。所以我国不可能以提高人均耗能来继续发展国民经济和提高人民生活水平，节约能源、提高能源利用效率成为我们唯一的出路。

20 多年来，中国一次能源消耗在世界上的比重也发生了较大的变化。从图 1-1 中可见，1980 年中国能源消耗占据了世界总量的 6.1%。到 2006 年，中国一次能源在世界中的消耗比重增加到了 15.6%。2006 年一次能源消费量与 1980 年相比增加了 326.9%，而世界一次能源消耗量只增加了 66.7%。中国占世界能源消费比重的扩大，以及从国际能源市场进口的增多，无疑加剧了能源进口国对国际能源的争夺，也加剧了我国能源外交的难度。

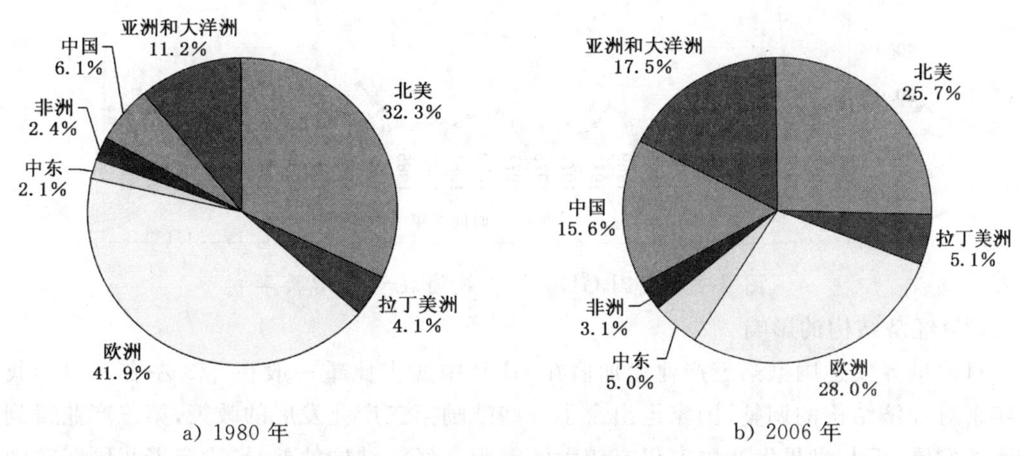

图 1-1　世界各地区消耗一次能源的比重

2. 影响能源消费量的因素

我国能源消费总量巨大，并有不断上升的趋势，这是由于我国的经济规模、经济结构、主要生产产品结构、能源强度、能源品种结构等多种因素所造成的。

(1) 经济发展规模的影响

在我国，经济发展是拉动能源消费的主要原因。为分析经济与能源消费的关系，可将我国经济发展分为三个阶段：第一个阶段为 1978 年之前，即经济开放前期；第二阶段为 1978 年至 2001 年，改革开放时期；第三阶段为 2002 年之后，即加入 WTO 时期。

在 1978 年以前我国处在计划经济时期，经济增长速度比较缓慢，1952 年到 1977 年

GDP 平均增长率为 6.8%。1978 年之后，我国开始改革开放，经济逐步搞活，国内强大的市场需求拉动了经济的快速发展，在此期间 GDP 的平均增长率高达 16.1%，1994 年达到 36.4%的最高点，随后又逐渐回落，1999 年落到了 6.2%的最低点。2002 年之后我国加入了 WTO，在国际出口贸易的拉动下，GDP 再次成上升趋势，2002 年至 2006 年我国平均 GDP 为 14.0%[1] 的高位水平。

从图 1-2 可以看出，我国的经济呈周期性的变化，同时能源消耗增长率也随 GDP 的增长率变化而变化。有所不同的是，在 1978 年之前，能源消耗增长率变化幅度接近或大于 GDP，能源消耗平均增长率为 11.9%。1978 年之后，能源消耗增长率被压在一个降低的水平，其平均增长率仅为 4.3%，这是因为在此期间采取了行之有效的节能措施，在高 GDP 增产率下，使能源消耗增长率保持一个较低的水平。

2002 年左右，我国在国际市场的拉动下，生产资料市场需求强劲，一些高耗能的生产设备进入生产领域，加之我国原来节能措施不能适应此时的经济体制，节能工作得不到足够的重视，能源消费增长率再次高于 GDP 增长率，从而造成一段时期的能源供应紧张，导致 2002 年出现了 12 个省级电网拉闸限电、2003 年 23 个省级和 2004 年的 24 个省级电网拉闸限电的现象。

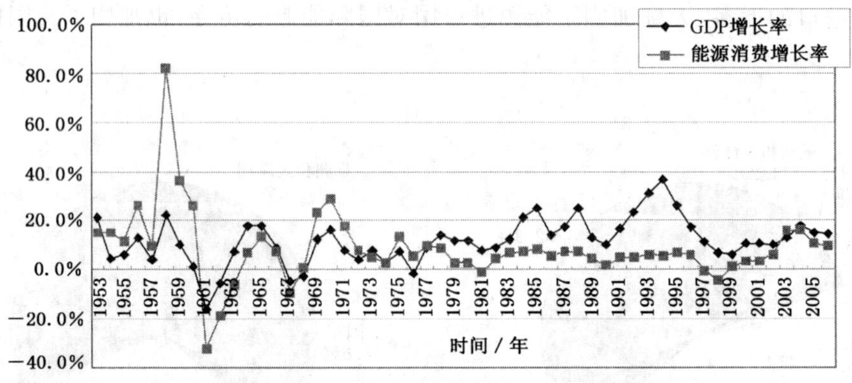

图 1-2 我国 GDP 与能效消耗量的增长率

(2) 经济结构的影响

目前世界发达国家第三产业增加值在 GDP 中所占比重一般在 2/3 左右。由于我国近年来对经济结构的调整，国家也出台了一些鼓励第三产业发展的政策，第三产业得到了较大的发展，但与世界发达国家仍有较大的差距。经济结构的差异，决定着我国能源消费的状况。图 1-3 表示出 2005 年世界主要国家产业结构情况。

在图 1-3 中可看到，2005 年我国第一产业的比重为 11.9%，虽然小于印度，但仍大于其他国家。我国第二产业比重与这些国家相比，是最大的，比重为 47%，是美国或法国的两倍。世界第二产业总比重也只有 27.6%，远小于我国。所以，我国的经济结构是以工业为主，农业在国民经济中仍占据比较重要的地位，服务业与发达国家相比，仍具有较大的发展空间。由于工业的发展需要消耗更多的能源，所以在经济结构上，我国的能源消耗就比其他经济发达国家相对要高。

---

1) 分析数据来源：国家统计局。

根据国家统计局2006年的数据计算，我国第一产业创造1元的产品需消耗34 gce[1)]，而第二产业需消耗192 gce，第三产业只需消耗29 gce。第二产业单位GDP的能源消耗是第三产业的6.6倍，所以扩大第三产业比重，对减低我国总体GDP单位能耗具有巨大的潜力。

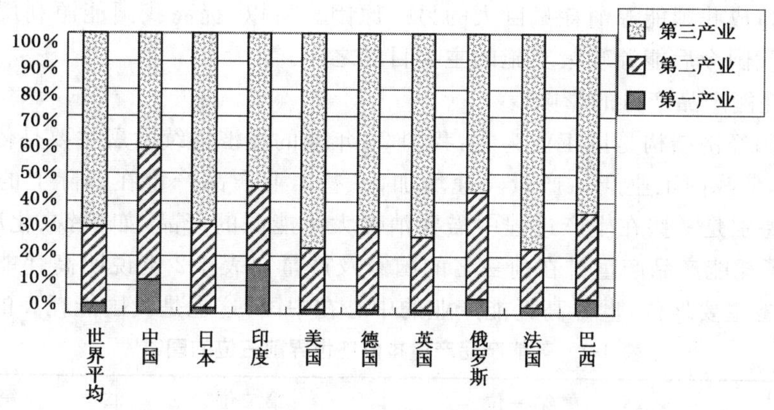

图 1-3　2005 年世界主要国家的产业结构[2)]

(3) 能源强度的影响

能源强度就是单位GDP所消耗的能源。一个国家的能源强度是由该国的经济结构和能源利用技术水平等因素决定的，它是衡量一个国家或一个部门能源利用水平的技术指标。如果一个国家的能源强度高，创造GDP的生产规模大，这个国家的耗能总量就很大。能源强度低可能有两种情况，一种是经济以农业为主的国家；另一种是发达的国家。一般来说，发达国家由于经济结构合理，节能技术水平高，节能政策到位，所以能源强度比较低；而经济结构不合理，能源利用水平低的国家，能源强度就高。图1-4为2005年我国和世界主要国家的能源强度[3)]。

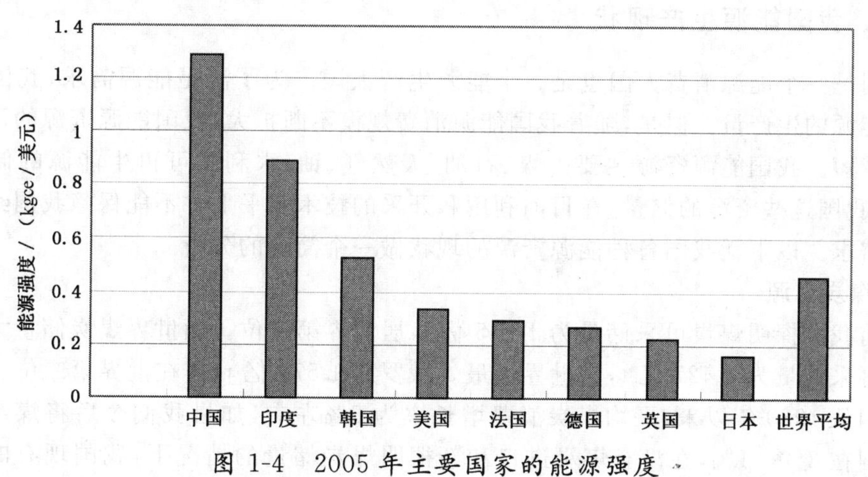

图 1-4　2005 年主要国家的能源强度

1) 1 gce=29.307 6 kJ，下同。

2) 数据来源：国家统计局。

3) 数据来源：美国能源信息署(EIA)Energy Information Administration。

从图 1-4 中可看到，日本是发达国家中能源强度最低的国家，每一美元的 GDP 能源消耗只有 0.16 kgce。世界平均能源强度为 0.46 kgce/美元，而我国的能源强度为 1.29 kgce/美元，比日本高出近 7 倍，比国际平均水平高出 1.8 倍。中国在世界各个国家能源强度排位上，位居第 189 名，属于高能源强度的国家。从能源强度的角度看，较高的能源强度是造成我国能源消耗量巨大的另一原因。所以，提高我国能源利用水平和调整经济结构是我国今后能源政策实施的主要目标之一。

(4) 高耗能产品产量的影响

由于我国经济结构是以工业为主，我国 20 年来的经济持续发展主要是依赖于工业持续高速发展，使我国工业产品产量飞速增加，一些工业产品产量在国际上的排位也不断向前变更，特别是一些在生产过程中需要消耗大量能源的产品，如钢铁、化肥和水泥等。表 1-2 列出了耗能产品产量排在前三名的国家及产量。表 1-2 也说明高耗能产业在我国工业中占据着主要地位，世界高耗能产业的中心在中国，这也是我国能耗高的原因之一。

表 1-2 耗能产品产量排位在世界前三位的国家[1)]

产品	第一位		第二位		第三位	
	国家	产量	国家	产量	国家	产量
钢/万 t	中国	42 270	日本	11 623	美国	9 846
水泥/万 t	中国	119 933	印度	15 227	美国	9 550
化肥/万 t	中国	4 299	美国	1 826	印度	1 531
发电量/(亿 kW·h)	美国	40 530	中国	40 530	俄罗斯	9 914
新闻纸/万 t	加拿大	778	美国	510	中国	394
汽车/万辆	日本	1 148	美国	1 124	中国	728

三、我国能源生产现状

我国是一个能源消费大国也是一个能源生产大国。为了满足能源需求，我国也不断地扩大能源的生产量。但是，随着我国能源消费规模不断扩大，我国能源资源的可开采时间越来越短。我国能源资源主要由煤、石油、天然气、铀、水利和可再生能源的储量所组成，但是我国这些资源的储量，在目前利用和开采的技术水平上并不能保障我国经济长期发展的需求。以下就我国各种能源资源的现状做一个简要的分析。

1. 煤炭资源

目前我国探明煤炭可采储量为 1 145 亿 t，居世界第三位。而世界煤炭储量大国美国的探明可采储量为 2 427 亿 t，为世界之最。俄罗斯 1 570 亿 t，排在世界第二位。

我国从 1980 年以来，平均煤炭消费增长率为 5%左右，如果我们今后将煤炭消费增长率控制在 2%～1%，在没有煤炭进口和新探明煤炭储量的情况下，我国现有的煤炭可采储量也仅够使用 40 年左右。图 1-5 为我国煤炭可采储量与煤炭累计消费量。

---

1) 数据来源：国家统计局。

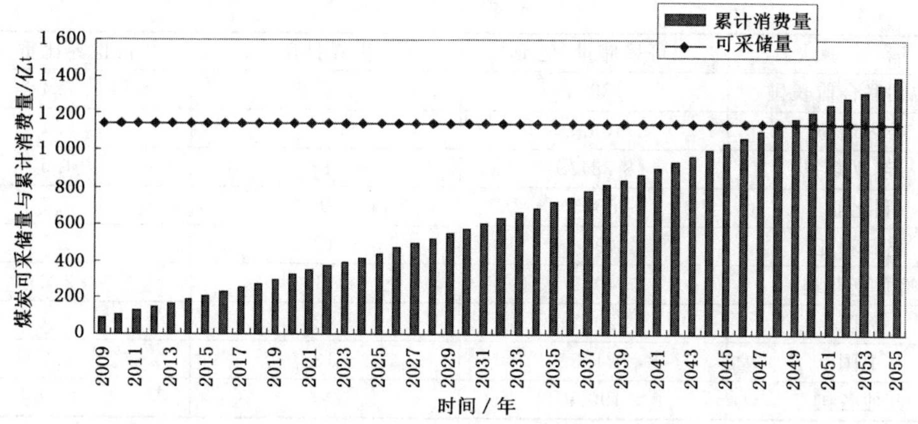

图 1-5　我国煤炭可开采的最小年限

长期以来,煤炭始终占据我国能源生产的绝对主导地位。20 世纪 60 年代以前,煤炭在我国能源生产结构中的比重保持在 90%以上。进入 20 世纪 70 年代后,其比重下降到 80%以下。20 世纪 80 年代至 90 年代我国能源生产结构基本保持在 75%以上。21 世纪后,由于我国汽车产业的发展,汽车逐渐成为普通百姓的代步工具,石油消耗的比例有所增加,煤炭消耗的比例随之降低,但平均比重基本保持在 67.9%的水平。煤炭消耗比重高,使我国成为世界上唯一的以煤炭为主的能源消费大国。尽管我国是世界上煤炭生产大国,但在满足高速经济发展所产生的社会需求方面依然面临巨大压力。另外,煤炭资源在使用过程中所产生的各种问题也不容忽视,例如,污染环境,使用效率低、效益差等问题。

2. 石油资源

根据《中国能源发展报告 2007》中的数据,到 2007 年初截止,我国探明石油可采储量为 63.5 亿 t,采收率为 28.1%,陆上可采储量 59.59 亿 t,海洋可采储量 3.88 亿 t[1]。目前,我国石油的地质资源探明程度为 22.1%,可采资源探明程度为 43%左右,仍有较大勘探潜力。但是,随着石油探明储量的增加,寻找勘探目标越来越困难,对勘探技术的依赖程度越来越大。此外,我国大多数石油资源存在于地层较深,类型复杂、地面条件差、工艺技术要求高的油田中,我国石油勘探开发的道路仍曲折艰难。

根据美国能源信息署(Energy Information Administration)2007 年所公布的数据,世界主要产油国沙特阿拉伯、加拿大、伊朗、伊拉克、科威特已探明的石油可采储量分别为 357.8 亿 t、244.5 亿 t、185.9 亿 t、156.9 亿 t、138.5 亿 t(详见表 1-3)。

表 1-3　世界主要国家可采原油储量和排位[2]

国　　家	可采储量/亿 t	世界排位	占世界比重/%
沙特阿拉伯	357.8	1	19.9
加拿大	244.5	2	13.6
伊朗	185.9	3	10.3
伊拉克	156.9	4	8.7
科威特	138.5	5	7.7

1) 资料来源《中国能源发展报告 2007》。

2) 信息来源:美国能源信息署(EIA)Energy Information Administration。

续表 1-3

国　　家	可采储量/亿 t	世界排位	占世界比重/%
阿拉伯联合酋长国	133.4	6	7.4
委内瑞拉	109.2	7	6.1
俄罗斯	8 281.9	8	4.6
利比亚	56.5	9	3.1
尼日利亚	49.4	10	2.7
哈萨克斯坦	40.9	11	2.3
美国	29.7	12	1.7
中国	21.8	13	1.2
其他各国	190.9		10.6

3. 天然气资源

我国蕴藏着丰富的天然气资源，随着地质科学理论和勘探技术的发展，对我国天然气资源的评价也不断提高。据美国能源信息局 2007 年 5 月公布的数据，2007 年我国天然气可开采储量达 1.5 万亿 m^3，世界储量排位第 21 位。

另外，我国天然气资源主要分布在西部地区，远离经济发达地区，气田地表环境恶劣等因素都制约了我国天然气行业的发展。随着人民生活水平的提高，以及对生活环境要求的提高，天然气在能源消耗中的比重也会提高，在我国全面实现小康生活水平的同时，如何利用好我国现有的天然气资源也是我们所要深思的重要问题。

4. 铀矿储量与核电

铀作为核电的主要原料，是一种极为稀有的放射性金属元素，在地壳中的平均含量仅为百万分之二，所以铀矿是世界上一种稀缺矿产资源。铀矿在世界上的分布极为不均，澳大利亚是世界铀矿储量最多的国家，占世界总储量的 37.3%，其次是南非，占世界储量的 19.3%，许多国家或地区几乎没有铀矿分布。我国铀矿储量在世界上排名第 8 位，但只占世界铀矿储量的 1.7%，估计铀矿储量为 14.7 kt。图 1-6 给出了排名在前 10 位国家的铀矿储量[1)]。

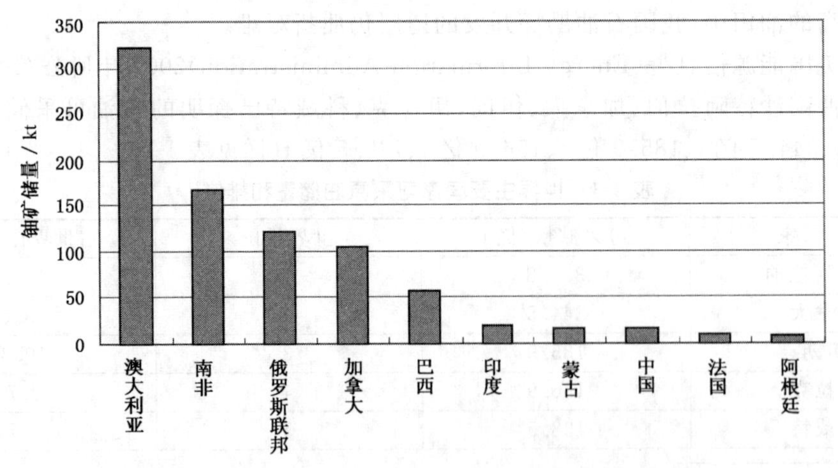

图 1-6　铀矿储量排世界前 10 位的国家和储量

1）数据来源：国家统计局。

据媒体报导，中国铀矿极度稀缺，我国现已探明的天然铀储量最多能供 4 000 万 kW 装机容量的热堆电站运行 50 至 60 年，根本不足以支撑中国核电产业的长远规划。

5. 水利资源

由于我国地理和气候的原因，使得我国的水电资源较为丰富，水电理论装机容量为 6 922 万亿 kW·h/a，用 0.404 kgce/(kW·h)折标准煤系数计算，相当于用 2.39 万亿 tce 所发出的火电，也相当于 2006 年我国能源生产总量的 1 000 多倍。在世界水电资源排位中，我国排在第一位。世界水电理论可装机容量前 9 位的国家和装机容量详见图 1-7[1)]。

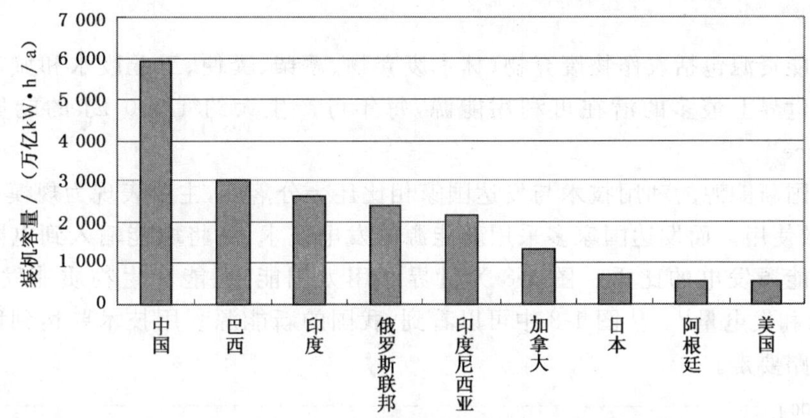

图 1-7　水资源排世界前 9 位的国家

但是，我国水电资源分布不均匀，80％左右的水电资源分布在我国的中、西部地区，而在建设水电设施上具有地质条件复杂、抗地震强度要求高、泄洪流量大、地基处理难度大、建设投资大、泥沙沉积、生态保护等问题，限制了我国水电的发展。

6. 新能源

新能源是当煤炭、石油和天然气等传统能源枯竭后，未来人类主要使用的能源，主要包括太阳能、风能、生物质能等。目前人类所掌握的新能源的生产技术和利用技术还不成熟，因此不能广泛地替代传统能源。但许多国家已感觉到传统能源枯竭的日期一天天地逼近，为了应对传统能源消耗殆尽的一天，许多国家，特别是发达国家正在投入资金开发新能源，并把发展新能源与可再生能源作为国家能源发展的重点战略目标之一。

我国具有较为丰富的风力资源，10 m 高度层的风能资源总储量为 32.26 亿 kW，其中实际可开发利用的风能资源储量为 2.53 亿 kW。可供开发利用的资源量占风能理论储量的 10％以上，而我国风力资源已开发率仅为 0.14％。

每年太阳辐射到地球陆地表面的能量相当于 29 万亿 tce（19 万亿吨标油）[2)]，若用 2002 年全世界一次能源总消耗相比，地球表面接受到的太阳能是全世界消费一次能源的 1 958 倍。

我国地处北半球欧亚大陆的东部，主要处于温带和亚热带，具有比较丰富的太阳能资源。全国各地的太阳辐射年总量大致在 3 350～8 400 MJ/m^2，其平均值约为 5 860 MJ/m^2，年日照时数在 2 200 h 以上的地区约占中国国土面积的 2/3，具有良好的

1）数据来源：国家统计局。

2）数据来源：World Energy Council〈SURVER OF ENERGY RESOURCES〉。

开发条件和应用价值。太阳能丰富区主要分布在我国西部地区，较丰富区分布在新疆北部、华北等地，可利用区主要分布在东北、华东和华南的沿海和沿疆各省，只有华中地区为太阳能贫乏区。据估算，我国陆地表面每年接收的太阳辐射能约为 50×10^{18} kJ，相当于 1 700 亿 tce。[1)]

在太阳能利用技术方面，太阳能电池发电（光伏）技术和太阳能热利用技术应用最广，产量最大。我国是世界太阳能热利用发展最快的国家，由于我国自主研制开发的全玻璃太阳真空管技术的广泛应用，2005 年我国太阳热水器的供热总容量占世界总容量的 63.1%[2)]。

生物质能资源包括农作物废弃物、林木废弃物、薪柴、粪便、工业废水和城市垃圾等。生物质能是世界上最多的潜在可利用能源，每年可产生大约 4 500 EJ 的能量，相当于 1 536.3 亿 tce[3)]。

但是我国新能源的利用技术与发达国家相比还十分落后，主要表现为规模小、转化技术简单、分散使用。而发达国家多采用新能源的发电技术，并将电能输入到电网，不断提高电网中新能源发电的比重。图 1-8 为世界利用太阳能、风能和生物质能发电排名前 24 位的国家和发电量[4)]，从图 1-8 中可以看到，我国的新能源利用技术要达到世界前列，还有较长的路要走。

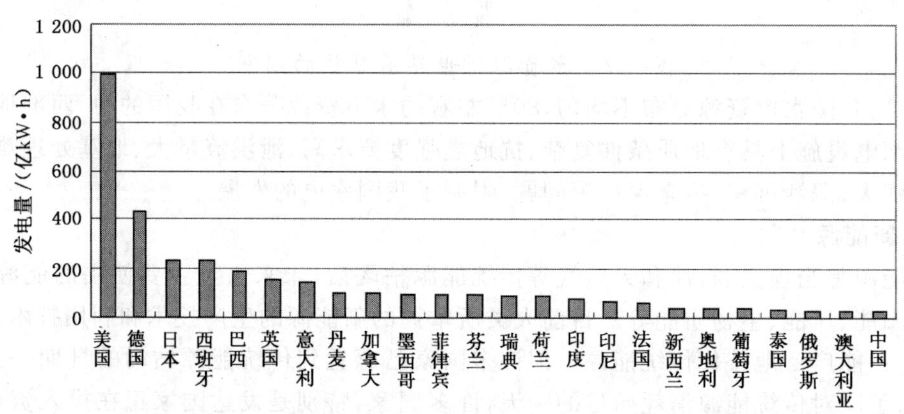

图 1-8　世界上利用太阳能、风能和生物质能发电排名前 24 位的国家及其发电量

四、能源的进出口问题

我国加入了 WTO 后，就意味着我国的能源资源和能源市场直接要参与全球的能源资源配置。由于市场价格规律和竞争机制作用，能源必然要流向其边际效益最高的地方。从图 1-9 中可以看出，过去我国能源出口占很大比重，能源的进口量很小，但随着我国改革开放进程的加快和国内对能源消费需求的不断增加，我国能源进口量不断上升，并且逐步大于能源出口量。特别是在 2003 年之后，我国能源出口量呈下降趋势，且能源进口量

1）参考文献：《中国能源问题研究 2002》周大地主编，中国环境科学出版社。

2）数据来源：《2006 年可再生能源报告》。

3）数据来源：World Energy Council〈SURVER OF ENERGY RESOURCES〉。

4）数据来源：美国能源信息署(EIA)Energy Information Administration。

还在继续上升，能源进出口的差距越来越大。

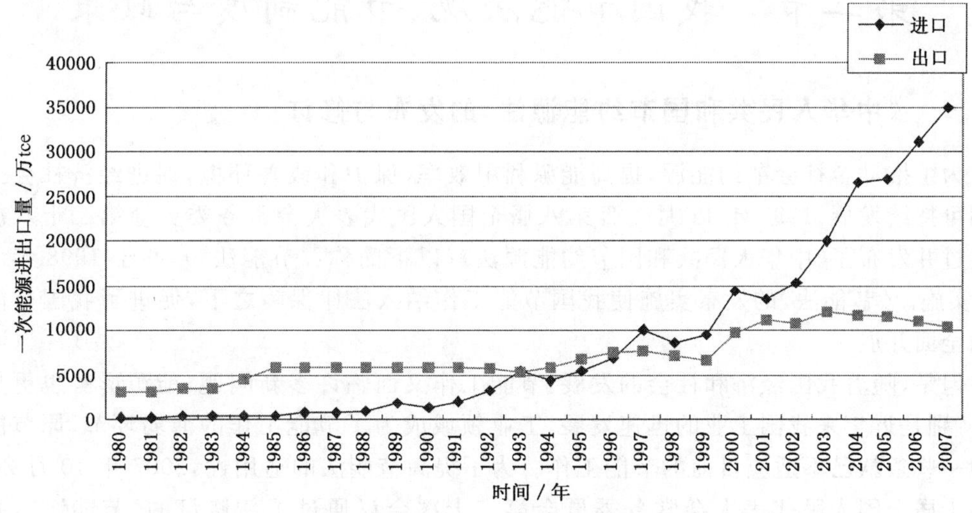

图 1-9 我国一次能源进出口量

石油进口依存度是指一个国家的石油净进口量占国内消费量的百分数，它反映一个国家对进口石油的依赖程度。近年来，我国交通运输发展很快，特别是私人轿车量增加更加迅速，石油消耗量急剧上升。为解决石油供需矛盾，采取了增加石油进口的措施，其结果是提高了我国石油进口依存度。我国 1995 年的石油进口依存度为 7.6%，到 2007 年增加到 50.5%。图 1-10 为我国从 1995 年到 2007 年石油依存度的变化情况。

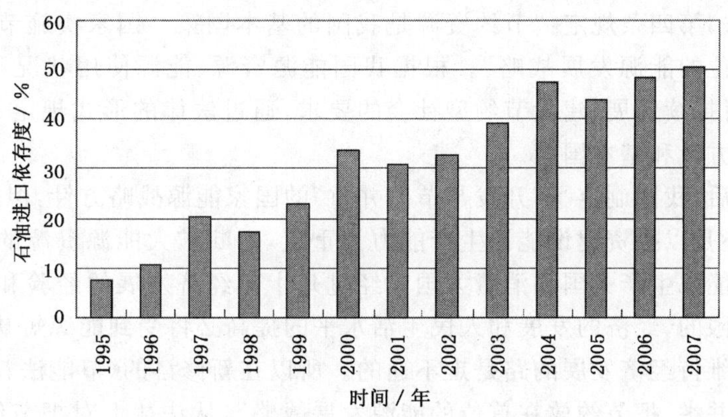

图 1-10 我国石油进口依存度的变化

目前许多地区的冲突和战争都与石油资源开发、供需以及国际石油价格变化有密切关系，国际石油的竞争已大大超出了一个国家或地区的一般经济或商业范畴。增加能源进口，我国将会遇到更多、更大的国与国之间的矛盾，由此也会带来中国能源与经济安全问题。

从上述情况看，能源资源是有限的，经济发展是无限的，要想使经济实现可持续发展，在目前最有效、最实际的方法就是提高能源利用率，把节约能源作为国家战略和基本国策来抓，用法制、经济、财政等一切手段，杜绝能源浪费，提高能源利用效率，用越来越少的能源，创造越来越多的经济效益。

第二节　我国节能法规、节能制度与政策

一、《中华人民共和国节约能源法》的发布与修订

为了推动全社会节约能源，提高能源利用效率，保护和改善环境，促进经济社会全面协调可持续发展，1997 年 11 月 1 日第八届全国人民代表大会常务委员会第二十八次会议通过并发布了《中华人民共和国节约能源法》(以下简称:《节能法》)，并于 1998 年 1 月 1 日实施。《节能法》的发布实施使我国节能工作纳入法律保障之下，促进了我国节能工作的全面开展。

但是，随着我国经济和社会的发展，节能工作又面临许多新问题，能源形势也更加严峻，特别是近年来我国工业的迅速发展，工业领域成为了节能工作的薄弱环节，原节能法中的一些条款已不适应目前的节能工作。为了提高节能法的适用性，2007 年 10 月 28 日由第十届全国人民代表大会常务委员会第三十次会议通过了新修订的《节能法》，并于 2008 年 4 月 1 日实施。

新《节能法》的实施标志着在市场经济体制下，我国节能管理进入了一个法制化管理的新阶段。在《节能法》的引导下，我国也出台了一些节能法规和节能制度，为我国的节能管理开创了一个适应市场经济体制的模式，并且适应了国际节能管理的发展趋势。

二、我国能源发展战略

新《节能法》第四条规定:“节约资源是我国的基本国策。国家实施节约与开发并举、把节约放在首位的能源发展战略”。根据我国能源资源、能源使用状况和经济发展总目标，以及社会可持续发展、建设节约型社会的要求，通过法律的形式规定了节约能源是我国的一项长期方针和基本国策。

改革开放后，我国制定了“开发与节能并重”的国家能源战略方针，但是在具体能源政策和措施上，还是以投资建设能源生产能力为重点，不断扩大能源资源的开发，使我国成为世界第二的能源生产大国和消费大国。经过几十年经济发展的经验和教训，我们发现能源资源是有限的，经济的发展和人民生活水平的提高必将受到能源短缺的制约，用开采更多的能源来维持经济发展的路是走不通的。所以在新修订的《节能法》中规定:“国家实施节约与开发并举、把节约放在首位的能源发展战略”，从法律上对把节约放在首位的能源发展战略进行了明确的规定。

三、节能目标责任制和节能考核评价制度

新《节能法》规定:“国家实行节能目标责任制和节能考核评价制度，将节能目标完成情况作为对地方人民政府及其负责人考核评价的内容”。这是我国建立节能目标责任制和节能考核评价制度的法律依据。

为了落实“十一五”期间单位 GDP 能耗下降 20%的任务，国家把 GDP 能效降低指标分解到各地、市、县(行业)和重点企业，并通过实施能耗指标公报制度，每年向社会公布分地区 GDP 能耗等指标；每半年向社会公布分地区 GDP 电耗、工业增加值能耗等指标；每

季度向社会公布重点耗能企业能耗和单位产品综合能耗等指标。同时要完善节能业绩考核体系,将能耗指标作为地方各级政府领导班子和领导干部任期内的考核内容,作为国有大中型企业负责人经营业绩考核的重要内容。其目的是加大各省(市、区)节能工作的压力,在行政管理上形成一个长期的节能制度,使国家能够全面贯彻节能工作。

四、固定资产投资项目节能评估和审查制度

固定资产投资项目节能评估和审查制度是对固定资产投资项目进行审查时,对项目的节能技术指标是否符合强制性节能标准(单位产品能耗限额标准)进行评估和检查,不符合单位产品能耗限额标准的项目不得批准建设,已建成的项目不得投入生产和使用。

建立和实施固定资产投资项目节能评估和审查制度是为进入高耗能行业设置了一个强制性的门槛,其目的是为了遏止高耗能产业增长过快,防止耗能设备和生产工艺投入到重点耗能行业中,促进高耗能产业使用先进的节能设备或生产工艺,降低我国高耗能产业的能耗。为了落实该制度的实施,国家发改委发布了《关于加强固定资产投资项目节能评估和审查工作的通知》和《固定资产投资项目节能评估和审核指南》,在指南中列举了固定资产投资项目节能评估和审查所依据的有关法律法规、产业和技术政策、标准和设计规范等。

五、高耗能产品、设备和生产工艺淘汰制度

高耗能产品、设备和生产工艺的淘汰制度是我国新《节能法》提出的一项市场经济体制下的能源宏观管理手段,它是以法律手段来规范、引导、调控用能设备与产品市场的一个市场经济管理模式。其目的是建立一个定期淘汰高能耗落后产品的管理机制,规范用能产品市场,引导企业间公平竞争,促进我国节能技术进步和产品能源利用效率的提高,以保证我国能源供需平衡和经济可持续发展。

新《节能法》的第十六条规定:“国家对落后的耗能过高的用能产品、设备和生产工艺实行淘汰制度。淘汰的用能产品、设备、生产工艺的目录和实施办法,由国务院管理节能工作的部门会同国务院有关部门制定并公布。

生产过程中耗能高的产品的生产单位,应当执行单位产品能耗限额标准。对超过单位产品能耗限额标准用能的生产单位,由管理节能工作的部门按照国务院规定的权限责令限期治理。

对高耗能的特种设备,按照国务院的规定实行节能审查和监管”。

同时新《节能法》第十七条也规定“禁止生产、进口、销售国家明令淘汰或者不符合强制性能源效率标准的用能产品、设备;禁止使用国家明令淘汰的用能设备、生产工艺”。该条款表明,被淘汰的产品是不允许生产、进口、销售和使用的,生产、进口、销售和使用高耗能淘汰产品的行为属于违法行为。在新《节能法》的第六十九条、七十条和七十一条还规定了违反高耗能产品淘汰制度的处罚规定。

六、能效标识管理制度

能效标识是附在产品或产品最小包装物上的一种信息标签,用于表示用能产品的能源效率等级、能源消耗量等指标,为消费者和用户的购买决策提供必要的信息,以引导和

帮助消费者选择高效节能的产品。

能效标识也是新《节能法》规定的一项节能管理制度。其第十九条规定:“生产者和进口商应当对列入国家能源效率标识管理产品目录的用能产品标注能源效率标识,在产品包装物上或者说明书中予以说明,并按照规定报国务院产品质量监督部门和国务院管理节能工作的部门共同授权的机构备案。

生产者和进口商应当对其标注的能源效率标识及相关信息的准确性负责。禁止销售应当标注而未标注能源效率标识的产品。

禁止伪造、冒用能源效率标识或者利用能源效率标识进行虚假宣传。”

2004 年 8 月 13 日,国家发改委和国家质检总局联合发布了 17 号令,正式公布《能源效率标识管理办法》,并决定于 2005 年 3 月 1 日开始实施能效标识制度。2004 年 12 月 29 日,国家发改委、国家质检总局、国家认监委联合发布了第一批实施能效标识的产品目录和实施规则。凡列入《目录》的产品,生产企业必须标注统一样式的能效标识后才能投入市场,并受到相关部门的监督。目前我国已发布了四批实施能效标识的用能产品目录,每批目录包括的产品如下:

第一批:家用电冰箱、房间空气调节器;

第二批:电动洗衣机、单元式空气调节机;

第三批:中小型三相异步电动机、自镇流荧光灯、高压钠灯、燃气热水器、冷水机组;

第四批:转速可控型房间空气调节器、多联式空调(热泵)机组、储水式电热水器、家用电磁灶、计算机显示器、复印机。

2005 年 1 月 3 日,国家质检总局和国家发改委联合发布了 2005 第 2 号公告,授权中国标准化研究院承担能源效率标识及相关信息的备案工作。能效标识备案机构的网址:http:/www.energylabel.gov.cn。

我国能效标识有两种,一种是 5 级标识,1 级水平的产品能源利用效率最高、最节能,5 级水平的产品能源利用效率最低、最费能。另一种是 3 级标识,1 级水平的产品能源利用效率最高、最节能,3 级水平的产品能源利用效率最低、最费能。5 级标识一般针对家用电气类产品,3 级标识一般针对照明产品和工业设备。图 1-11 是两种能效标识的样式。

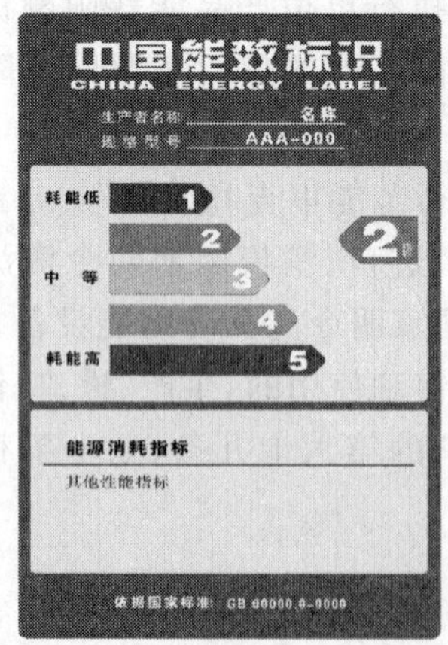

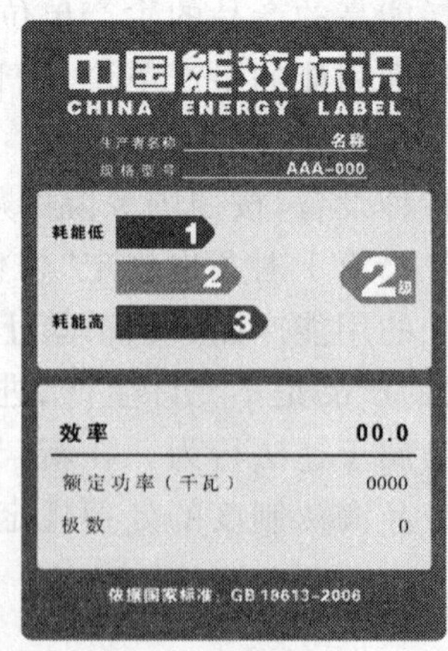

图 1-11 我国两种能效标识的样式

七、节能产品认证制度

实施节能产品认证制度是规范节能产品市场、提高能源利用效率的重要途径之一。1998年1月1日颁布的《节能法》和新修订的《节能法》都对实行节能产品认证制度做出了具体规定。为了配合《节能法》的有效实施，在原国家经贸委牵头组织下，1999年制定出台了《中国节能产品认证管理办法》，并组建了中国节能产品认证机构。

《中国节能产品认证管理办法》规定：节能产品是指符合该种产品有关的质量、安全等方面的标准要求，在社会使用中与同类产品或完成相同功能的产品相比，它的效率或能耗指标相当于国际先进水平或接近国际水平的国内先进水平。节能产品认证是依据相关的标准和技术要求，经中国节能产品认证机构确认并通过颁布节能产品认证证书和节能标志，证明某一产品为节能产品的自愿性活动。

在认证过程中，认证机构要依据相关的标准和技术要求，按照产品认证实施规则的规定对生产企业的产品质量保证能力进行检查、对产品主要性能和能源效率指标进行检验。通过认证的用能产品生产企业被授予节能产品认证证书，允许使用节能产品认证标志，同时被认证的产品能够进入政府采购目录。

八、能源统计管理制度

能源统计是指运用综合能源系统经济指标体系和特有的计量形式，采用科学统计分析方法，研究能源的勘探、开发、生产、加工、转换、输送、流转、使用等各个环节过程、内部规律性和能源系统流程的平衡状态等数量关系的一项专门统计。

进行能源统计的目的是为政府实施能源管理提供基本供信息。通过能源统计我们可以了解国家、地区或企业能源生产与消费的总平衡状况、能源的生产和消费结构、能源消费的重点领域和方式、能源消费状况变化趋势等，为国家制定能源管理政策，企业制定节能目标，预测能源需求，制定节能项目规划，预防能源短缺的影响提供科学依据。从而保证国民经济的稳定发展，以及企业效益的不断提高。

九、能源计量管理措施

能源计量是指在能源消费、转化等流程中，对处于各环节的能源的数量、质量、性能等参数进行检测、度量和计算。加强能源计量管理的具体工作有合理配置能源计量装置、配备合格的能源计量器具、能源计量器具的维护和检定、落实能源计量管理责任制等。

能源计量是节能工作的基础，只有掌握准确、完整、及时的能源计量数据，国家及用能单位才能把握企业能源消耗情况，以及工序和产品的单位能耗指标，分析能源消耗和利用现状，为制定节能管理、确定节能改造、落实节能措施提供具体数据。为加强企业能源计量器具的管理，国家已修订发布了 GB 17167—2006《用能单位能源计量器具配置和管理通则》，同时组织制定了钢铁、有色、化工、石油等重点用能行业的能源计量器具配备和管理要求，如 GB/T 21368—2008《钢铁企业能源计量器具配备和管理要求》。

十、工业企业采用节能设备和节能技术的鼓励措施

新《节能法》第三十一条规定："国家鼓励工业企业采用高效、节能的电动机、锅炉、窑

炉、风机、泵类等设备，采用热电联产、余热余压利用、洁净煤以及先进的用能监测和控制等技术”。工业是我国能源消耗最大的产业，抓好工业领域的节能是我国节能工作的重点，对于完成节能总体目标，落实节能任务具有重要的作用。在工业领域中，采用高效、节能的用能设备和先进的节能工艺技术是节能工作的有效方法之一。

我国在用的大量电动机、风机、泵类和空压机等通用设备处于较落后的水平，其能源利用效率要比国外先进水平低2～4个百分点。采用高效、节能的通用设备对国家、对企业都有巨大的节能潜力和节能效益。目前，我国已制定出三相异步电动机、通风机、离心泵和容积式空气压缩机能效标准，标准中的节能评价值为推广使用高效、节能的通用设备提供了具体的技术参数。

新《节能法》中提出了四项节能技术。热电联产是同时生产电能和热能的一种高效生产技术，充分利用一次能源来产生更多的二次能源，减少能源在转化过程中的浪费；余热余压利用是将生产过程中或能源转化过程中所产生的余热余压再次利用，如钢铁行业中的干法熄焦技术、高炉热风炉余热回收利用技术、高炉煤气余压发电技术等；洁净煤是利用选煤、型煤、水煤浆、流化床、煤炭汽化和液化等技术，提高煤炭的燃烧效率，减少煤炭在燃烧过程中对环境的污染。在钢铁行业，如型煤炼焦技术、喷煤炼铁技术等；先进用能检测和控制是采用先进的检测、控制设备和软件技术，对生产过程中的用能状况进行适时监控和调节，使生产过程处于节能的状态下运行，如在加热炉工艺过程中采用数模优化控制、智能控制和专家系统，电弧炉电极智能控制技术等。

十一、企业能源审计制度

企业能源审计是由节能主管部门授权的能源审计机构和具有资格的能源审计人员依据国家节能法规和标准，对企业的能源利用状况进行审核与评价，并科学、规范地对企业能源利用状况进行定量分析。它是企业经营管理的一种重要手段。国家通过企业能源审计对重点耗能企业进行监督管理，保证能源资源的合理配置和使用。同时企业内部也可以利用能源审计加强能源管理，分析、评价企业用能状况、发现节能潜力，确定节能技术改造方案，从而提高企业的能源利用效率，降低生产成本，提高企业经济总效益。企业能源审计主要内容包括以下几个方面：

- 企业能源管理状况；
- 企业用能概况；
- 生产工艺与用能流程；
- 主要用能设备的运行效率；
- 能源计量、监测系统和统计台账；
- 单位产品能耗；
- 节能技术改造项目；
- 企业能源使用的经济分析和环境影响。

十二、电力需求侧管理活动

在新《节能法》第六十六条中规定：“国家运用财税、价格等政策，支持推广电力需求侧管理、合同能源管理、节能自愿协议等节能办法”。电力需求侧管理、合同能源管理、节能自愿协议是西方发达国家在市场经济体制下采取的行之有效的节能方法。

电力需求侧管理(DSM)是像供电公司这样的公用事业公司采取激励措施,采用特定的运作方式,与用户共同提高终端用能设备效率,改变用电方式和时间,减少电力需求的管理活动。通过电力需求侧管理的活动,利用经济、技术及必要的行政措施等多种手段,充分调动电网经营企业、发电企业、用户及能源中介机构等各方积极性,共同参与,共享收益,以取得最佳的社会效益和经济效益。

电网经营企业是实施电力需求侧管理工作的主体,受政府委托研究提出电力需求侧管理规章、标准、规划及政策建议,并在电力系统规划、生产和运行管理中落实电力需求侧管理的各项工作。大电力用户是电力需求侧管理的重要参与者,要根据能源效率评价制度要求,定期上报能源消耗指标,配合能源效率评价工作。

十三、合同能源管理活动

合同能源管理(EMC)是一种利用市场机制进行节能活动的措施,是在20世纪70年代中期,首先由市场经济国家逐步发展起来的。其运作模式是建立在效益共享的基础上,先由节能服务公司对用能单位进行节能潜力评估,提出节能改造方案,签订合同后,由节能服务公司对节能改造项目进行筹资,采购并安装节能设备,培训操作和管理人员。节能改造项目完成后,用能单位根据事先签订合同的规定,将节能的收益以一定的比例,分阶段地偿还节能服务公司的前期投入。该措施可以有效地推动资金短缺的用能单位实施节能改造。

十四、节能自愿协议活动

节能自愿协议是指政府与用能单位自愿承担保护环境和节约能源的义务而做出的计划和承诺。自愿协议作为一种非强制性政策工具为越来越多的人所接受,它给有关政府部门一个展现为社会服务、履行社会义务的机会。

目前世界各国所开展的自愿协议一般是针对减少二氧化碳排放和提高能源利用效率的,也有两者结合在一起的。协议的内容在不同的国家及同一个国家的不同情况下也是不同的,但在一般情况下,主要包括两个主要内容:一是某行业整体或某个企业承诺在一定的时间内要达到某一能效指标;二是政府给予该行业或该企业的某种激励。

自愿协议是一种成本较低的节能措施,政府在实施该节能措施时只起到组织、监督和给予适当鼓励的作用,而大量的、具体的实施工作和资金投入是由行业或企业来完成。在自愿协议实施中,政府应组织专家协助行业或企业进行技术改造。对于资金上有困难,但实施环保或节能改造后可快速收回投资成本的行业或企业,政府应帮助他们寻找融资渠道。

十五、节能产品政府采购制度

新《节能法》第五十一条规定:“公共机构采购用能产品、设备,应当优先采购列入节能产品、设备政府采购名录中的产品、设备。禁止采购国家明令淘汰的用能产品、设备。节能产品、设备政府采购名录由省级以上人民政府的政府采购监督管理部门会同同级有关部门制定并公布”。

政府节能产品采购是推动政府机构带头节能的一项重要举措。通过政府购置高效节能设备，拉动节能产品的需求，以促进节能产品及设备市场的扩大。2004 年 12 月17 日国家印发了由财政部、国家发改委制定的《节能产品政府采购实施意见》，该《意见》规定各级国家机关、事业单位和团体组织用财政性资金进行采购的，应当优先采购节能产品，逐步淘汰低能效产品。

政府所采购的节能产品是从国家认可的节能产品认证机构认证的节能产品中按类别确定其范围，并以“节能产品政府采购清单”(以下简称“节能清单”)的形式公布。节能清单中新增节能认证产品，将由财政部、国家发改委以文件形式确定、公布并适时调整。政府采购属于节能清单中产品时，在技术、服务等指标同等条件下，应当优先采购节能清单所列的节能产品。

十六、国家财政鼓励政策

我国财政鼓励政策主要有税收优惠和财政补贴两种。新《节能法》的第六十三条规定：“国家对生产、使用列入本法第五十八条规定的推广目录的需要支持的节能技术、节能产品，实行税收优惠等扶持政策”，“国家通过财政补贴支持节能照明器具等节能产品的推广和使用”。

税收优惠政策是财政政策的一项有力工具，在实现能源经济的稳定、能源资源的合理配置等方面有着特殊作用。税收优惠政策是通过税收效应来发挥作用的，国家课税将对用能设备使用者的选择产生影响，以至于对用能设备生产者的决策产生影响，从而对高效节能的用能设备市场的扩大，起到促进作用。

2008 年 8 月 20 日，财政部、国家税务总局和国家发改委联合发布了《关于公布节能节水专用设备企业所得税优惠目录(2008 年版)和环境保护专用设备企业所得税优惠目录(2008 年版)的通知》，企业自 2008 年 1 月 1 日起购置并实际使用列入《目录》范围内的环境保护、节能节水和安全生产专用设备，可以按专用设备投资额的 10%抵免当年企业所得税应纳税额；企业当年应纳税额不足抵免的，可以向以后年度结转，但结转期不得超过 5 个纳税年度。目录中列入了中小型三相异步电动机、通风机、水泵、空气压缩机、配电变压器、交流接触器和工业锅炉等 13 类工业设备。

财政补贴是通过改变设备或节能产品的相对价格，来调节它们的需求结构和供给结构。当政府要推动某种节能设备或产品发展时，政府可给予生产企业或用户适当的补贴，以降低企业的生产成本和(或)用户的消费成本，从而使企业盈利水平得到改善，企业规模和数量得到扩大。

财政补贴只是辅助性调节手段，它不应在能源经济运行中起主要调节作用，如果财政补贴规模和范围过大、时间过长，则财政补贴对能源产品和节能产品的生产、流通和消费具有较强的调节作用，市场机制的调节作用将受到排挤。所以财政补贴政策应该应用在扶持新能源、新节能技术和新节能产品的发展上，当市场机制可以发挥正常调节作用后，应及时撤销财政补贴。

十七、节能奖励

新《节能法》第六十条规定：“中央财政和省级地方财政安排节能专项资金，支持节能技术研究开发、节能技术和产品的示范与推广、重点节能工程的实施、节能宣传培训、信息服务和表彰奖励等”。在鼓励节能技术改造上，2007年8月10日，财政部和国家发改委联合发布了《财政部　国家发展改革委关于印发〈节能技术改造财政奖励资金管理暂行办法〉的通知》，规定利用中央财政，通过“以奖代补”的方式，对十大重点节能工程的实施给予适当支持和奖励。

该项奖励政策的对象是《“十一五”十大重点节能工程实施意见》中确定的燃煤工业锅炉（窑炉）改造、余热余压利用、节约和替代石油、电机系统节能和能量系统优化等项目。奖励金额按项目实际节能量与规定的奖励标准确定，我国东部地区奖励标准是每节约一吨标准煤的能源，奖励200元；中西部地区是每节约一吨标准煤的能源，奖励250元。为了保障奖励制度的有效实施，国家发改委和财政部随后下发了《关于印发〈节能项目节能量审核指南〉的通知》、《节能量确定和监测方法》、《节能量审核报告样式》等相关文件。

十八、节能技术推广目录

新《节能法》第五十八条中规定：“国务院管理节能工作的部门会同国务院有关部门制定并公布节能技术、节能产品的推广目录，引导用能单位和个人使用先进的节能技术、节能产品”。加快推进技术成熟、应用范围广、节能潜力大的节能技术的普及应用，引导企业采用先进适用的节能新工艺、新技术和新设备，国家发展改革委组织有关单位和专家编制了《国家重点节能技术推广目录（第一批）》（以下简称《目录》）。在第一批目录中包含了煤矿低浓度瓦斯发电、燃煤锅炉气化微油点火、钢铁行业烧结余热发电、水泥窑纯低温余热发电、油田机械用放空天然气回收液化、变频器调速、中央空调智能控制等节能技术50项。

《目录》中的50项节能技术是从行业协会、地方节能主管部门和部分院士推荐的120余项节能技术中，经组织专家评议，并多次征求有关方面意见，最终选定的。目前，这些技术普及率最低不到1%，一般在30%～40%，希望能够通过发布《目录》这种形式在全社会进行推广普及，提高重点节能技术的普及率。

第三节　节能法规中对节能标准的相关规定

节能标准是企业实施节能管理的基础，也是政府实施节能政策，加强节能监管的依据。要把我国的节能管理工作建立在法制的基础上，必须建立完善的节能标准体系，以节能标准作为实施节能政策量化指标的依据。在新修订的《节能法》中，不但明确规定了强制性节能标准，同时也提出要制定节能标准、建立完善节能标准体系，节能标准化工作的法律地位得以正式确立。本节讲解了《节能法》对节能标准的相关规定，以便更清楚地认识节能标准在各项节能工作中的作用。

一、节能标准的地位

新《节能法》第十二条规定：“县级以上人民政府管理节能工作的部门和有关部门应当在各自的职责范围内，加强对节能法律、法规和节能标准执行情况的监督检查，依法查处违法用能行为”。由于我国强制性国家标准属于国家技术法规，标准中的规定如同法律、法规条款，是必须执行的。所以，在该项条款中将节能标准与法律、法规并列在一起，并作为监督检查的依据。

二、对节能标准的组织工作提出法律要求

新《节能法》第十三条主要规定了各级节能标准制、修订的组织权限。其第一款规定："国务院标准化主管部门和国务院有关部门依法组织制定并适时修订有关节能的国家标准、行业标准，建立健全节能标准体系”。该项条款规定了国家标准化管理委员会和有关部门对节能标准进行制、修订和建立健全节能标准体系的法律职责，并明确按照《中华人民共和国标准化法》(以下简称《标准化法》)的规定，国务院标准化主管部门(即国家标准化管理委员会)主管我国的标准化管理工作，要组织需要在全国范围统一的国家节能标准的制、修订工作。对没有国家标准而需要在某一个行业范围内统一的节能技术要求，可以制定行业节能标准。行业节能标准应由国务院有关行政主管部门制定，并报国家标准化管理委员会备案。

该条的第二款规定："国务院标准化主管部门会同国务院管理节能工作的部门和国务院有关部门制定强制性的用能产品、设备能源效率标准和生产过程中耗能高的产品的单位产品能耗限额标准”。此款明确我国的能效标准和单位产品能耗限额标准都是强制性标准，能效标准中的能效限定值和目标能效限定值、单位产品能耗限额标准中的单位产品能耗限额限定值和新建企业(设备、系统)的单位产品能耗限额准入值都属于强制性要求，是每个相关部门和每个相关企业都必须执行的，违反这些强制要求，就是违反法律。所以强制性的能效标准和单位产品能耗限额标准应由国务院标准化主管部门、国务院管理节能工作的部门和国务院有关部门会同制定。

该条的第三款规定："国家鼓励企业制定严于国家标准、行业标准的企业节能标准”。根据《标准化法》的规定，当没有国家节能标准和行业节能标准时，企业可以根据企业本身的节能需要制定企业节能标准。当国家或行业有相应的节能标准时，企业也可以根据需要制定严于国家或行业的节能标准。同时企业节能标准必须报当地政府标准化行政主管部门备案。

由于我国不同地区的经济发展水平不同，能源和产业结构不同，在气候上也有较大的差异，所以第四款还规定了“省、自治区、直辖市制定严于强制性国家标准、行业标准的地方节能标准，由省、自治区、直辖市人民政府报经国务院批准；本法另有规定的除外”，以允许制定严于国家或地方的强制性地方节能标准。但强制性地方节能标准是一个敏感的问题，特别是强制性产品能效标准，因为强制性能效标准具有技术贸易壁垒的作用，所以在该款中规定了地方强制性标准要报国务院批准。

三、节能标准是固定资产投资项目节能评估、审查和淘汰高耗能生产工艺的依据

新《节能法》第十五条规定："国家实行固定资产投资项目节能评估和审查制度。不符合强制性节能标准的项目，依法负责项目审批或者核准的机关不得批准或者核准建设；建

设单位不得开工建设;已经建成的,不得投入生产、使用”。这里所说的强制性节能标准主要是指强制性的单位产品能耗限额标准。凡是要投资的项目的单位产品能耗超过标准中能耗限额准入值的,一律不得批准和建设,即使建成了也不得生产和使用。如果谁违反了这一规定,将依法追究主管人员和直接责任人的法律责任。

为了配合新《节能法》的实施,国家标准化管理委员会和国家发改委共同组织了第一批 22 项有关单位产品能耗限额国家标准的制定,包括水泥、铜冶炼、锌冶炼、铅冶炼、镍冶炼、粗钢生产主要工序、烧碱、建筑陶瓷、常规燃煤发电机组、平板玻璃、铁合金、电石、焦炭、合成氨、黄磷、电解铝、镁冶炼、锡冶炼、锑冶炼、铜及铜合金管材、铝合金建筑型材、炭素等重点耗能产品的单位产品能耗限额标准。此外还有 GB/T 12723—2008《单位产品能耗限额编制通则》,以指导各单位产品能耗限额标准的制定。

新《节能法》第十六条第二款规定:“生产过程中耗能高的产品的生产单位,应当执行单位产品能耗限额标准。对超过单位产品能耗限额标准用能的生产单位,由管理节能工作的部门按照国务院规定的权限责令限期治理”。该款规定表明通过单位产品能耗限额标准的实施,将对高耗能的生产设备和生产工艺进行淘汰,促进企业对这些高耗能的设备及工艺进行节能改造,降低企业的能源消耗。

四、节能标准是淘汰高耗能产品和设备的依据

新《节能法》第十七条规定:“禁止生产、进口、销售国家明令淘汰或者不符合强制性能源效率标准的用能产品、设备”。此条款是针对用能产品和设备的生产者、销售者和进口商的。在我国能效标准中规定了用能产品和设备的最低效率允许值,从而为耗能高的用能产品或设备流入市场设置了准入门槛。违反该条规定当事人,要依法承担相应的法律责任。

工业是我国重点耗能领域。为了降低工业设备的能源消耗,我国针对工业通用用能设备已制定了一系列能效标准,包括中小型三相异步电动机、容积式空气压缩机、通风机、清水离心泵、三相配电变压器、交流接触器 6 项能效标准。

五、节能标准是用能系统节能管理的依据

新《节能法》第五十条规定:“公共机构应当加强本单位用能系统管理,保证用能系统的运行符合国家相关标准”。用能系统包含两类系统,一类是用能组织机构系统;另一类是用能设备系统。应依据节能管理标准对这两类系统进行综合管理。节能管理标准主要有计量器具配备和管理标准、能源管理导则标准、能源审计标准、用能设备系统经济运行标准与节能监测标准等。

第四节 建立企业节能标准体系的必要性

一、标准体系与节能标准体系

标准是企业中常见的管理性文件,虽然它们以一份份文件形式存在,但它们之间确有

不同性质的联系。标准体系是指一定范围内的标准按其内在联系形成的科学、有机的整体，具有结构型、协调性、整体性和目的性。节能标准体系是节能标准按其内在联系形成的科学、有机的整体。

目前，我国有各类节能标准700多项，其中国家标准400多项，行业标准300多项，另外还有一定数量的地方节能标准，同时根据我国节能工作的需要，节能标准的数量还在不断增加。虽然节能标准的表现为一个个单独的标准，但是它们之间具有一定的内在联系，而将其内在联系归纳并用某种方式表示出来，我们就能获得一个完整的节能标准体系。

二、我国节能工作的重点领域

国务院在"十一五"规划《纲要》中提出了"十一五"时期单位GDP能耗降低20%的约束性指标，进一步明确我国节能工作的重点领域是保障实现单位GDP能耗降低20%目标的关键性问题，也是节能工作的战略性的问题。

根据我国2006年分行业能源消费总量的数据分析（见图1-12），工业能源消耗占到总消耗的71%，远远高于其他行业。所以，工业是我国能源消耗的重点领域，抓好工业领域的节能工作对我国完成节能降耗总体目标具有重大意义。

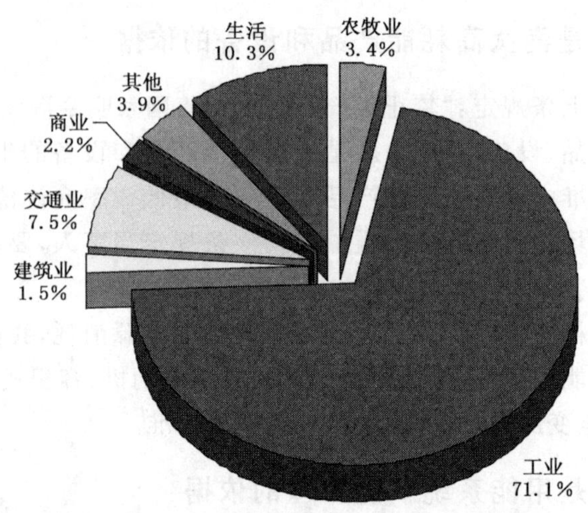

图1-12 我国各行业能源消费的比重

进一步的分析表明，造成我国单位GDP能耗高的主要原因集中在两个方面：一是经济结构；二是能源利用效率。2006年我国第一产业、第二产业和第三产业的经济比重分别为11.7%、48.9%、39.3%，第二产业的比重远远高于经济发达国家。2005年我国能源利用效率为8 198元/tce（折合1 596美元/吨标油），世界平均能源利用效率约为5 185美元/吨标油，是中国的3.2倍，日本的能源利用效率约为12 104美元/吨标油，是中国的7倍。第二产业比重较大的经济结构导致了我国高耗能产业规模庞大的现状，能源利用水平低也因此导致了我国能源的大量浪费。

造成工业能源消耗高的原因则体现在三个方面：首先是工业设备能源使用效率低，其次是工业设备控制水平低，第三节能管理水平低。在工业使用的能源中，有一小部分作为原料被转化为产品，而大部分能源消耗在工业生产过程之中。我国曾在20世纪80年代和 90 年代中期淘汰了几批高耗能的落后设备，对当时的节能工作起到了积极的作用。但自 90 年代后期，由于我国经济体制的转变，淘汰落后工业设备的步伐放缓，而在这个时期，国外工业设备的能源使用效率一直在不断提高，所以我国工业设备的能源使用效率普遍低于国外水平。因此，我国节能工作的重点在工业领域，在工业生产企业中开展全人员、全过程、全范围的节能工作才能保障我国节能目标任务的顺利完成。

三、节能标准与企业的节能工作

工业生产企业的节能工作如何抓，这是节能工作的一个战术性的问题。目前存在一些问题。一方面，企业不知采用什么依据来确定节能规划，不知节能工作从哪里着手、从哪里突破，不知企业节能工作如何定量考核和定量评价。另一方面，我国已发布实施的国家节能标准 400 多个，行业节能标准也有 300 多个，这些标准规定的内容涵盖了企业生产的各个环节，对企业的节能工作具有重要的指导意义。然而，目前大多数企业没有将国家、行业和地方节能标准与本企业的节能技术和管理有效联系起来，这些标准在企业节能工作中并没有发挥出应有的作用。

标准化工作的长期实践证明，标准是以提高效率和效益为目标，是实行科学化和定量化管理的依据，也是节能工作中不可或缺的一项重要工具。实施节能标准化，有助于企业开展全人员、全过程、全范围的节能工作。

党和国家领导人以及国务院文件多次强调要做好节能标准化工作，其中包括国家层面的标准化工作，更包括基础的、企业层面的节能标准化工作。运用标准这一技术支撑，通过标准化的引领和协调作用，从意识、法规、政策、制度、技术、组织行为以及管理措施等各个方面入手，明确企业节能工作具体目标，将企业节能工作纳入标准化管理，促进企业节能工作的程序化、定量化和系统化，对促进企业的节能工作具有非常重要的现实意义。建立企业节能标准体系将全面促进企业在各个环节上的节能工作，提高企业能源利用效率，减少能源浪费，推动全社会节能工作的深入开展。

四、企业节能标准体系的作用

1. 加强企业节能管理

(1) 梳理节能环节

建立企业节能标准体系有助于企业梳理本企业的节能环节。经过 20 多年的发展，我国节能标准已经形成一个基本的体系框架。归纳起来，我国的节能标准已有 13 类，包括节能基础标准、节能设备标准、节能设计标准、节能施工安装标准、节能测试与检验标准、能耗限额标准、节能监测标准、节能经济运行标准、合理用能标准、综合评价标准、产品和设备能效标准、能源统计标准、能源计量标准、节能计算标准等；涉及企业的运输及贮存、燃烧与制冷、能源工质输送分配、工艺加热、生产工艺过程等生产环节，以及照明和办公、建筑采暖与空调、余热回收利用等各个环节。

在建立节能标准体系时，企业需根据国家、行业和地方节能标准，对照本企业能源使用和转换的环节，找出适用于本企业的标准，同时也要找出哪些环节没有被涵盖到，以便制定相应的企业节能标准。通过对照与查找，可对企业的节能环节进行一个全面的梳理，为企业全范围、全过程、全人员的节能管理奠定一个坚实的基础。

(2) 加强节能管理

建立企业节能标准体系有助于企业加强节能管理。节能标准体系不但要涵盖企业的各个环节,同时还要将节能标准中的相关要求应用到企业的管理之中。应用和转化国家标准、行业标准和地方标准是建立企业节能标准体系的一项重要内容。梳理企业节能环节是将节能工作横向展开的过程,而应用与转化标准是将节能工作纵向展开的过程。这里所说的应用是指将国家、行业和地方标准直接作为企业的管理文件使用;转化是指将上述标准转化为企业标准、企业管理和技术文件使用。

建立企业节能标准体系,也是完善企业节能管理制度的过程。通过这一过程,使企业节能管理性文件更全面、更具体,企业节能工作向定量化、程序化管理深入发展。企业也可以根据节能标准体系和所要应用的标准找出企业节能的薄弱环节和差距,针对这些薄弱环节,加强节能管理,实现企业的能源管理水平的全面提高。

(3) 规划节能改造

建立企业节能标准体系有助于企业安排节能技改工作。在能耗限额标准、节能设备标准和设备能效标准中规定了生产工艺能耗水平、节能设备的应用条件和耗能设备能效水平要求。在建立和实施企业节能标准体系过程中,企业可以通过这些标准了解企业目前设备耗能或能源利用效率水平等情况,分析企业进行节能改造的节能潜力,根据企业的实际情况,制定节能改造规划,有步骤地实施节能改造工程,不断提高企业能源利用效率。

(4) 贯彻节能政策

建立企业节能标准体系有助于企业贯彻节能政策和措施。前面我们提到,一些节能标准是国家节能政策和措施实施的依据。这些标准可分为两种类型,一类是为国家节能政策的实施提供技术依据,如设备能效标准、单位产品能耗限额标准等;另一类是指导企业采取节能措施,如《企业能源审计技术通则》、《企业能源管理导则》,以及目前正在制定过程中的《合同能源管理技术规范》和《节能自愿性协议技术规范》等标准。

企业可根据各类节能标准,检查企业设备和系统的能效水平状况,掌握企业执行国家高耗能产品或设备淘汰、节能产品认证、能效标识等制度的实施情况,也可以了解是否可以享受国家所得税优惠、节能产品政府采购、节能改造奖励和财政补贴等激励和优惠政策,也可以使企业掌握高耗能生产淘汰制度和固定资产投资项目节能评估和审查制度,为企业的发展提供符合法律的依据。

2. 加强企业标准化管理

(1) 分清标准层次

建立节能标准体系有助于分清节能标准的层次结构和过程结构,使之反映节能标准之间的隶属和包含关系,使人们更容易掌握节能标准的共性和个性,使每个节能标准在不同的层次上或不同的过程中发挥最大的作用。

(2) 掌握相互关系

建立节能标准体系有助于加强节能标准之间的协调性,使人们在节能标准化活动中能够了解节能标准之间的相互关系和影响,使节能标准能够相互配合,减少重复,避免相互矛盾。

(3) 发挥整体作用

建立节能标准体系有助于完善企业标准体系，使人们可以有目的、有方向、有计划地制、修订和实施节能标准，使每个节能标准在其他标准的配合下发挥其最大效用，使节能标准体系在每个标准的作用下发挥其最大的整体效用。

(4) 获得节能效益

建立节能标准体系有助于明确节能标准体系的目标，从而使国家、企业、部门通过标准的实施达到节能的目标，也可以通过调整节能标准的内容和指标来获得预期的节能效果。

第二章　节能标准与国家节能标准体系

第一节　标准与节能标准的基本概念

一、标准

标准是为了在一定范围内获得最佳秩序，经协商一致制定并由公认机构批准，共同使用和重复使用的一种规范性文件。通过标准的定义，可以对标准的概念有以下几点认识：

1. 标准的针对性

标准是有针对性的，它所针对的事物和实施区域是一定的。每个标准的第 1 章就是对该标准的主要内容和范围进行规定。首先要规定该标准所针对的事和物，也就是标准的主要内容，然后规定标准的实施区域，也就是标准的适用范围。按规定，标准的主要内容要写在第 1 章的第 1 自然段，标准的适用范围应写在第 2 自然段，若要强调不适用的范围，一般将其写在第 3 自然段。

在建立企业节能标准体系过程中，当我们拿到一个节能标准时首先要看这个标准第 1 章的第 2 自然段，它所规定的适用范围是否与本企业实际情况相关，如果相关就可将其纳入本企业的节能标准体系中。例如，当某个企业拿到 GB 19762—2007《清水离心泵能效限定值及节能评价值》这一标准后，首先查看标准第 1 章的规定："本标准适用于单级单吸清水离心泵、单级双吸清水离心泵、多级清水离心泵"。但该企业目前只有潜水泵，没有离心泵，这个标准就可以不纳入本企业的节能标准体系中。

2. 标准的目的性

实施标准的目的是为了在适用范围内使事物运作得到最佳秩序，以便获得最好的效果。建立企业节能标准体系就是要使企业的节能工作在一个有序的安排下进行，将企业节能工作在标准定量或定性的要求下，获得最好的效果。

3. 标准的协调性

标准是通过协商一致后产生的，是集体智慧的结晶，即使标准是一个人编写的，当它通过与相关人员或部门多次讨论和协商后，在这个标准中已汇聚了集体的智慧。在制定企业节能工作标准中，应充分与相关部门协商，听取不同的意见，经过共同的讨论。

4. 标准的制度性

标准是特别形式的文件，在我国标准的制定和修订计划、标准的发布是要通过政府公认机构来批准的，机构被授权有批准标准的职责后才能履行相应的标准管理职责。目前，节能方面的国家标准由国家质检总局和国家标准委批准发布，地方标准由省级标准化行政部门批准，行业标准由新成立的工信部批准发布。

5. 标准的必要性

标准是在规定的范围内共同使用和重复使用的文件，对一次性的某一事物是不需要制定标准的。只有对重复发生的，大家都应该遵守的事物才需要制定标准。企业在制定企业节能标准时也应把握这一点，要对所制定的节能标准的内容进行筛选，防止节能标准体系的过度臃肿，使节能标准的实施达到最佳效果。

6. 标准的规范性

标准是一种规范性文件。一方面，标准是通过规范所针对的事物来起到作用的，如果制定了标准，但所针对的事物并没有执行标准要求，标准就没有起到规范作用，也就不能获得最佳秩序和最好效果。另一方面，标准是文件，在实施企业节能标准体系中企业应做好节能标准的文件管理。

二、节能标准

节能标准是指为实现节能目的，对标准化领域中需要协调统一的节能事项所规定的标准。在我国经济、能源供求和保护环境的新形势下，节能工作的重要性也日趋突出，节能问题得到国家政府和国家领导人的高度重视，国家的能源战略方针从原来的"开发与节能并重"调整为"能源开发与节约并举，把节约放在首位"。中国共产党十六届五中全会提出把节约资源列为我国的基本国策，胡锦涛总书记在中共中央政治局进行第二十三次集体学习上强调指出："建立健全节约能源资源的法律法规和标准体系，认真实施有关法律，加大执法和监督检查力度，制定和实施强制性标准，推动生产、建筑、交通等方面的节约能源资源工作"。所以节能标准在我国经济发展中和建立节约型社会中承担着越来越重要的作用，节能标准也发展成我国标准体系中的一个重要组成部分。

三、标准化

标准化最简单的定义是：与标准相关的一系列活动。根据这个定义，我们可以理解标准制定的规划、标准的研究、标准的制定、标准的审批、标准的发布和宣贯、标准的修订、标准的管理、标准的实施等活动都是标准化的范畴。

标准化是围绕标准这一特殊文件的一系列活动，没有这些活动，标准就无法产生，即使产生了也无法实施和发挥作用。所以企业标准化也是在本企业内围绕企业所涉及的标准而进行的一系列活动。企业标准化的目的是为了提高经济效益，降低生产成本，从而在市场中提升竞争力。

四、节能标准化

节能标准化就是与节能标准相关的一系列活动。它所包含的一系列活动也与上述标准化相同，只不过一系列活动是围绕节能标准进行的。根据我国能源战略方针和政策的需要，为发展节能技术，加强对节能工作的科学管理，提高能源利用效率，从而实现节约能源、改善生态环境、建设节约型社会的目的，提出节能标准化这一概念。

在企业中标准化除了具有实现科学管理、推广先进的生产技术、提高产品质量功效之外，还具有消除浪费、节约资源的功效，所以企业节能标准化是企业标准化在节能工作中的体现。建立企业节能标准体系是企业节能标准化的一项重要工作，通过企业节能标准化一系列活动，来带动企业各项节能工作的有序开展。

第二节　标　准　分　类

在建立企业节能标准体系过程中，要掌握标准的分类方法，认识各类标准的特点，从而了解它们相互的区别和联系，把它们构建成协调、完整的节能标准体系。随着科学技术和标准化的发展，对标准的分类方法也不断增多。目前主要有按标准的级别划分、按标准的约束性划分、按标准的性质划分和按标准的作用划分等几种方法。

一、按标准的级别分类

标准的级别是按标准所作用的范围来划分的，一般范围越大，级别越高。从世界的最大范围，到一个企业实体，可分为国际标准、区域标准、国家标准、行业标准、地方标准和企业标准。

1. 国际标准

国际标准主要是由国际标准化组织（ISO）、国际电工委员会（IEC）、国际电信联盟（ITU）等机构制定的标准，以及被国际标准化组织确认并公布的其他国际组织所制定的标准。为了使我国企业能够参与国际市场的竞争，我国政府鼓励国家各级标准采用国际标准。

2. 区域标准

区域标准是在世界某个地理、政治或经济区域内，为统一发展该地区经济，维护该地区国家利益，经过该地区内各国家的协商所组织制定的区域标准。如欧洲标准化委员会制定的欧洲标准（EN），美国和加拿大制定的北美标准等。

3. 国家标准

国家标准是由一个独立的国家标准化主管机构批准、发布的标准，通过国家标准的制定和实施，在国家层面上协调各项相关事物，统一标准所规定的事项。国家标准对整个国家的经济技术发展具有重大的指导意义，国家标准一经发布，与其重复的行业标准、地方标准就应废止，而统一实施国家标准。

4. 行业标准

行业标准是由行业协会、专业学会等非官方组织或政府主管部门批准、发布的，其作用是为了在某个行业范围内统一所规定的事项。当没有国家标准，又需要在行业内统一的技术要求，行业相关部门可以制定行业标准。

5. 地方标准

地方标准是由某个省、自治区或直辖市标准化主管部门组织批准、发布的标准，是为了在某个地方范围内统一所规定的事项。当没有国家标准、行业标准而需要在本地方内统一的技术要求时，可以制定地方标准。

6. 企业标准

企业标准是由企业制定的标准，主要是为了统一企业内部的各种事项和规范企业各项技术和业务活动。当没有国家标准、行业标准和地方标准时，企业可以根据需要制定企业标准，企业也可以制定严于国家、行业和地方标准的企业标准。

二、按标准的约束性分类

按标准约束性分类可分为强制性标准、条款强制性标准和推荐性标准。《中华人民共和国标准化法》规定：保障人体健康、人身、财产安全的标准和法律、行政法规规定强制执行的标准是强制性标准，其他标准是推荐性标准。WTO规定：除非涉及国家安全、卫生、健康、环保、反欺诈这五类的可以制定强制性标准，其他类别的标准只能作为推荐性标准。强制性标准如同技术法规，是相关企业必须执行的标准。条款强制性标准也属于强制性标准范畴，是指标准中某项或某几项条款是强制性的，其余条款是推荐性的。强制性标准和推荐性标准都是企业共同遵守的技术依据。

新《节能法》中规定的条款强制性节能标准主要有两类，其余的节能标准均为推荐性标准。强制性标准中一类是用能产品和设备的能效标准，标准中的能效限定值是强制性指标，是市场准入的门槛；另一类是单位产品能源消耗限额标准，标准中的单位产品能耗限额限定值和新建工艺和设备单位产品能耗限额准入值是强制性指标，达不到单位产品能耗限额的企业将被勒令改造，在规定期限内不改造或者改造仍然达不到要求的，将会被要求停止生产；达不到准入值的新建或改扩建工艺和设备，将不被批准开工建设。

三、按标准针对事项的性质分类

根据标准所针对事项的性质可分为技术标准、管理标准和工作标准。针对技术事项而制定的标准为技术标准；针对管理事项制定的标准为管理标准；针对工作事项制定的标准为工作标准。

四、按标准的作用分类

按标准在节能工作中的作用可将标准划分为许多类型，目前并没有一个统一的方法。所以在此只介绍节能标准化领域中比较重要的10类相关标准。

1. 基础标准

基础标准是在一定范围内规定的通用条款作为其他标准或有关文件遵守或参照的依据，是其他标准的基础。如术语标准、图形符号标准、量和单位标准、工程制图标准等。

2. 设备能效标准

能效标准是一个较新的概念。能效即能源利用效率，它反映了产品或设备利用能源的效率质量特性，是评价产品或设备用能性能的一种较为科学的方法。使用能效能够客观地反映产品或设备的用能情况，对产品或设备的能源利用质量进行评价。

能效标准是实施能效政策的依据和手段。能效标准是在不降低产品性能和安全要求前提下，对产品利用能源的效率规定出具体要求，如能效限定值、节能评价值和能效等级。

不同国家其能效标准的内容及性质各不相同，大多数情况下，能效标准是强制性的，也有一些国家将能效标准放入节能法案中，成为法律的一部分。由于在我国能效标准中既有强制性的指标，又有推荐性指标，所以我国的能效标准属于条款强制性标准。

3. 节能设备标准

节能设备（装置）标准是规定节能设备（装置）应满足的要求以保证其使用性的标准。节能设备（装置）标准属于产品标准，它的主要作用是规定节能设备（装置）的质量要求和安全要求。目前由于节能工作需要，科研人员开发生产出许多用于不同需要的节能设备或装置，以替换或提高原来设备（装置）的效率，如变频节电装置、调压节电装置等。为保证节能装置的质量，在节能设备（装置）标准中一般规定性能要求、适应要求、使用技术条件、检验方法等内容。如 GB/T 21056《风机、泵类负载变频调速节电传动系统及其应用技术条件》等。

4. 节能监测方法标准

节能监测方法标准是规范企业运行中的各类耗能设备监测与测试方法的技术要求。制定和实施这类标准的作用在于规定统一的、正确的监测和评价方法，同时指导监测人员按所规定的方法进行监测和计算，从而减小不确定因素对节能监测的影响，提高监测和计算的精度和可信度。在企业节能工作中节能监测标准对能源统计、能源审计、能源计量起着重要的作用。如 GB/T 15317《工业锅炉节能监测方法》、GB/T 15319《火焰加热炉节能监测方法》等。

5. 经济运行标准

经济运行标准是在满足工艺要求、安全生产、环保和可靠运行的前提下，通过科学管理、调节工况或技术改进等措施，为达到节约能源、提高经济效益所规定的标准。

经济运行标准属于管理标准，在这类标准中一般对设备的选择、安装、运行管理、维修改造、运行状态判别与评价提出具体要求，从而保障设备或系统在安全、可靠和节能的状态下运行。如 GB/T 12497《三相异步电动机经济运行》、GB/T 13466《交流电气传动风机（泵类、空气压缩机）系统经济运行通则》、GB/T 17954《工业锅炉经济运行》等。

6. 单位产品能源消耗限额标准

单位产品能源消耗限额标准是一类新的标准，是具有我国特色的一类节能标准，属于条款强制性的节能标准。单位产品能源消耗限额是针对生产合格产品时，每单位产品所允许消耗能源的限定值。其目的主要是为了对企业的能源消耗水平进行考核，设立企业的节能目标和实施固定资产投资项目节能评估和审查制度。

我国单位产品能耗限额国家标准中主要有单位产品能耗限额限定值、新建及扩建企业单位产品能耗限额准入值、单位产品能耗限额先进值三个指标。

7. 综合评价标准

综合评价标准是以一个实体（系统）为基础，对实体的整体节能管理事项而制定的标准。这里所说的实体，可以是企业、机关或部门。如 GB/T 3484《企业能量平衡通则》、GB/T 8222《企业设备电能平衡通则》、GB/T 15587《工业企业能源管理导则》、GB/T 15320《节能产品评价导则》等。

8. 合理用能标准

合理用能标准是指为优化能源利用、降低能源消耗等事项制定的标准。在这类标准中一般为企业的能源供应、能源转化、能源使用规定了基本要求、评价方法。企业可以根据具体情况和标准的要求，以综合能耗最低、经济、高效、环境影响最小的原则，选择不同的用能方式。例如 GB/T 10201《热处理合理用电导则》、GB/T 3485《评价企业合理用电技术导则》、GB/T 3486《评价企业合理用热技术导则》等。

9. 计量器具管理标准

能源计量是企业抓节能的基础性工作，对企业能源利用情况的诊断，企业节能工作的考核，以及企业能源审计等都离不开对能源的计量。为了加强能源计量的管理，我国制定了强制性国家标准 GB 17167《用能单位能源计量器具配备和管理通则》。随后，有色、钢铁、建材等行业也根据本行业能源计量的特点，制定出本行业的计量器具配备和管理要求标准。

10. 各种计算方法标准

计算方法标准是用来针对企业工作中需要进行计算事宜而制定的标准，以提出一个科学、合理、统一的计算方法，使计算结果更准确，更具有可比性。这类标准如 GB/T 13234《企业节能量计算方法》、GB/T 2589《综合能耗计算通则》、GB/T 2588《设备热效率计算通则》等。

第三节 国家节能标准体系

就国家范围而言，节能标准化是一项十分复杂而庞大的系统工程，覆盖了能源开发、生产、流通、使用、消费等各个环节，涉及社会的方方面面。为了全面、系统、有效规划节能标准的全局工作，使其在科学、有序、高效的轨道上顺利发展，构建国家层面的节能标准体系，对在宏观上指导和控制我国节能领域的标准化建设，确保节能标准的有序性、完整性、开放性和相对稳定性具有重要的意义。

一、建立节能标准体系的基础

建立国家节能标准体系基于以下四个主要方面的工作：

- 了解现有节能领域相关的法律、法规和政策体系；
- 调查研究国内经济、科学、技术及其管理的发展动态；
- 掌握已经颁布实施和正在研制的节能标准以及对国际标准、国外先进标准和有关资料研究成果；
- 深刻领会和紧密结合《国民经济和社会发展第十一个五年规划纲要》、《国家中长期科学和技术发展规划纲要》和《节能中长期发展规划》中对节能工作提出的计划安排和重点需求。

二、建立节能标准体系的原则

1. 全面系统的原则

节能标准体系建设必须以节能工作的总体布局以及所涉及的社会经济活动性质为依据。由于节能工作涉及的部门和行业较多，在行业或部门间项目存在交叉的情况下，应服从整体需要，进行科学地组织和划分。国家节能标准体系的建立应充分体现体系的整体性。层次力求简化和统一，充分体现系统性。

2. 宏观管理的原则

应根据政府节能宏观管理的需求，紧密围绕《国民经济和社会发展第十一个五年规划纲要》、《国家中长期科学和技术发展规划纲要》和《节能中长期专项规划》等有关节能产业政策和发展规划，确定节能标准体系。

3. 突出重点的原则

应围绕我国重点能源消费领域或能源消费中的重点问题开展节能标准化工作，并将其作为近期的工作重点，不断优化节能标准体系。

4. 技术进步的原则

应加强节能标准与科学技术研究工作的结合，积极采用节能科研新成果，不断提高节能标准的技术含量和前瞻性，使节能标准成为节能技术创新转化为先进生产力的桥梁，促进节能技术进步和产业升级。同时通过提高节能技术水平，配合国家相关政策和法规的实施，提高市场准入门槛，淘汰高耗能产品和技术、工艺，以满足经济社会可持续发展的需要。

5. 国际接轨的原则

应加强国际合作，通过积极参与能效标准和标识的国际协调活动，促进能效标准和标识的国际协调和统一，以增强我国出口产品的市场竞争力，推动国际贸易的发展。

6. 动态管理的原则

对节能标准体系表应实施动态管理，每年根据节能标准工作的需要进行体系框架和标准项目的调整，使纳入体系表中的标准项目有助于节能科研、技术改造、监督、管理等工作的开展，满足中长期节能工作的要求。

三、国家节能标准体系的结构

根据以上原则和我国中长期节能工作的重点，我国节能标准体系框架如图 2-1 所示。节能标准体系框架的第一层次按照节能重点部门划分了子体系，并且把具有通用性的综合、基础类标准作为单独子体系；鉴于用能产品和设备能效标准在当前节能标准体系中的重要地位，将用能产品和设备能效标准单独提出作为一个子体系。此外第一层次中还包括了工业节能标准、建筑节能标准、交通运输节能标准和农业节能标准等子体系。第二层次中列出了各个子体系应该包括的标准类别。由于节能标准体系的开放性，子体系也可以随着节能标准化工作的发展进行扩展和修订。

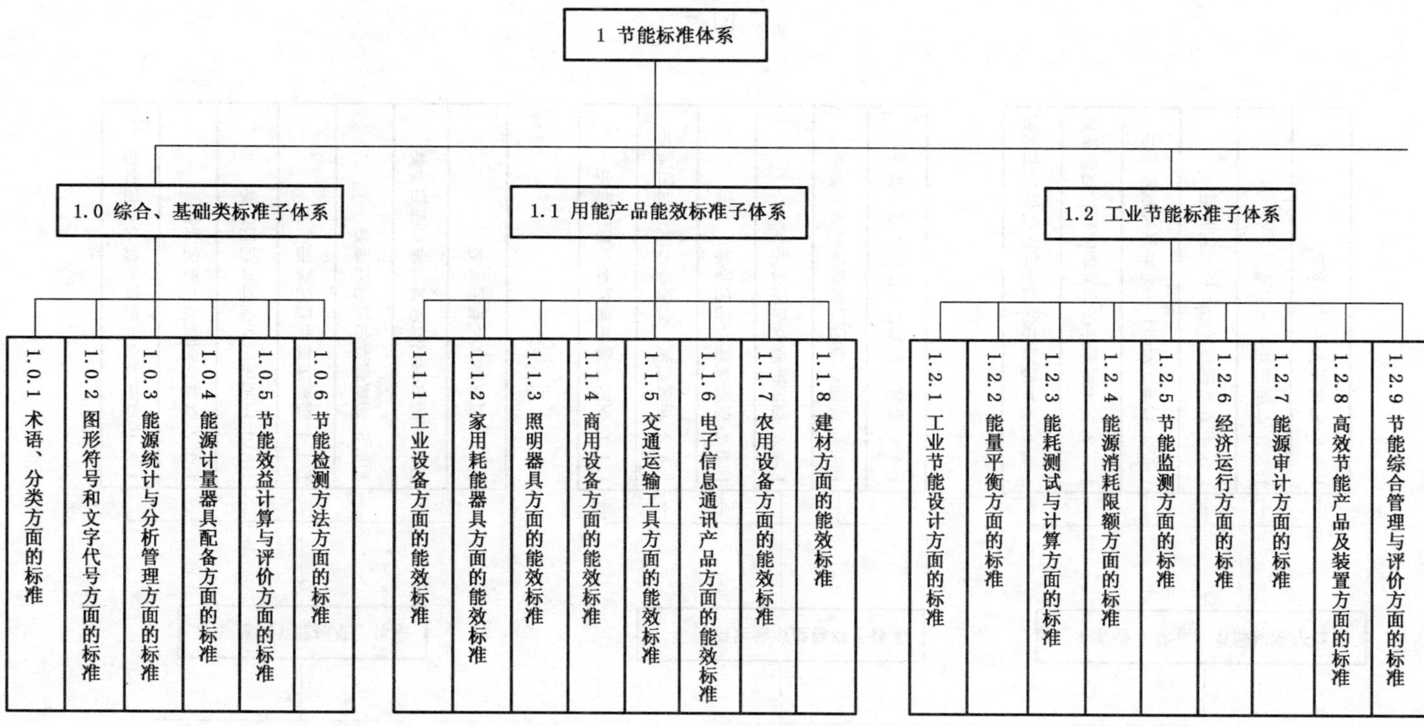

图 2-1 节能标准体系框架

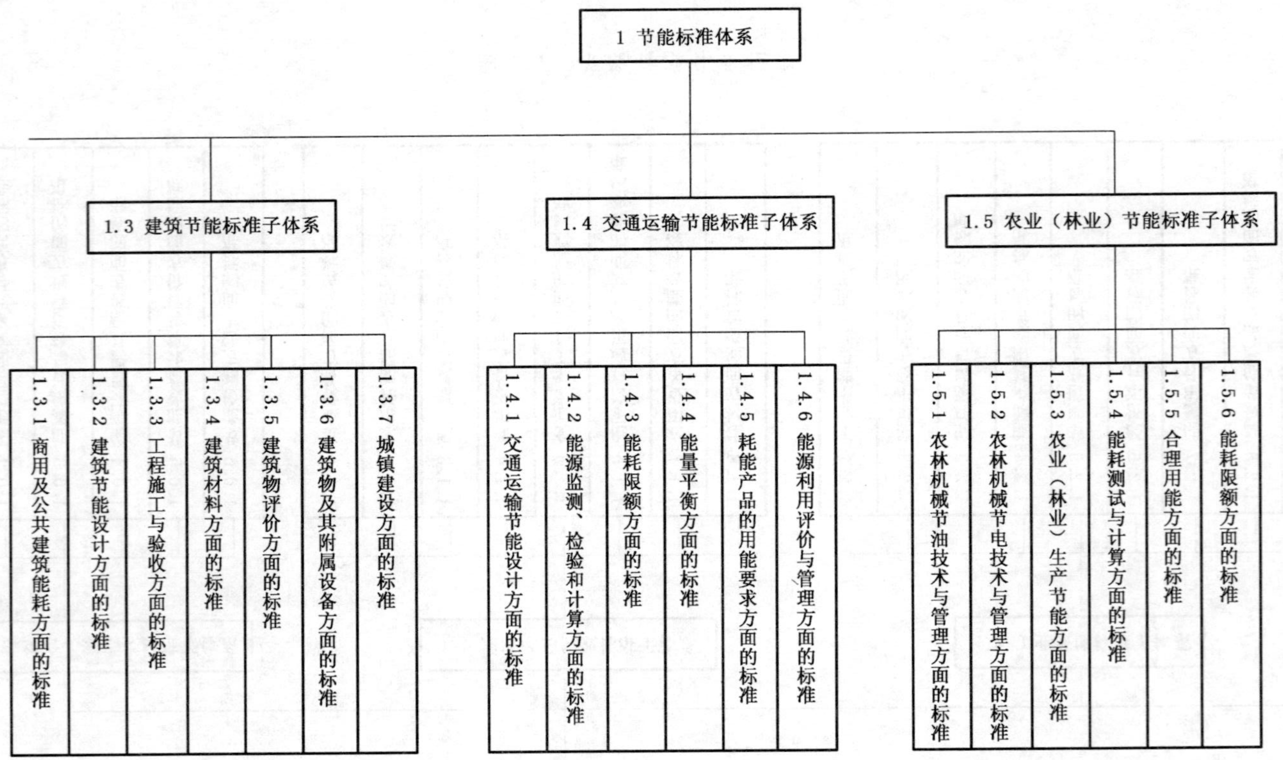

- 1 节能标准体系
  - 1.3 建筑节能标准子体系
    - 1.3.1 商用及公共建筑能耗方面的标准
    - 1.3.2 建筑节能设计方面的标准
    - 1.3.3 工程施工与验收方面的标准
    - 1.3.4 建筑材料方面的标准
    - 1.3.5 建筑物评价方面的标准
    - 1.3.6 建筑物及其附属设备方面的标准
    - 1.3.7 城镇建设方面的标准
  - 1.4 交通运输节能标准子体系
    - 1.4.1 交通运输节能设计方面的标准
    - 1.4.2 能源监测、检验和计算方面的标准
    - 1.4.3 能耗限额方面的标准
    - 1.4.4 能量平衡方面的标准
    - 1.4.5 耗能产品的用能要求方面的标准
    - 1.4.6 能源利用评价与管理方面的标准
  - 1.5 农业（林业）节能标准子体系
    - 1.5.1 农林机械节油技术与管理方面的标准
    - 1.5.2 农林机械节电技术与管理方面的标准
    - 1.5.3 农业（林业）生产节能方面的标准
    - 1.5.4 能耗测试与计算方面的标准
    - 1.5.5 合理用能方面的标准
    - 1.5.6 能耗限额方面的标准

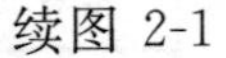

续图 2-1

第四节　节能标准的发展、现状及趋势

一、我国节能标准化发展历程

我国节能标准化工作始于20世纪80年代初，始终与中国不同时期的节能形势和节能工作紧密联系。经过标准化工作者几十年的共同努力，从零散的几个节能标准发展成具有不同级别的、比较完整的节能标准体系。

1. 建立节能标准化组织机构和节能基础理论阶段

20世纪80年代，我国开始提出节能优先战略，并把节能工作纳入了国民经济计划。当时，中国政府实施以计划管理为主导的能源管理模式，能源供应全部为国有企业，在能源供应体制上实行计划配额供应模式，在高耗能产品能耗管理方面实行定额管理的制度，在用能设备方面实行政府发布更新改造和淘汰目录的制度，以减少企业能源消耗，推广节能设备。此外，在全国范围开展了企业能量平衡、企业评优、企业评级活动。

在一系列的节能实践中，国家能源管理机构与标准化工作者开始认识到通过标准化手段推动节能工作的重要性。在相关政府机构支持下，国家标准化主管部门(原国家标准局)于1981年5月，以当时的中国标准化综合研究所(现中国标准化研究院)为挂靠单位(也是秘书处单位)，成立了“全国能源基础与管理标准化技术委员会”(以下简称：全国能标委)，也是我国第20个全国专业标准化技术委员会(TC20)，负责承担节能领域的标准化技术工作。

全国能标委的组成包括了节能和能源科学研究等各个领域的专家、学者以及从事能源管理工作的国家机关工作人员。能源供应与节能计划、节能技术改造、能源统计、能源物资管理等政府人员的参与从一开始就使全国能标委的工作紧密与政府节能管理工作相联系，这是全国能标委工作的一个基本特色；一批国内一流的能源专家和学者参加全国能标委的工作，保证了中国节能标准化始终把节能标准的科学性与基础性放在十分重要的地位，把能源科学基础理论、能源工程与技术、能源技术经济的基本原理始终作为从事节能标准化的基本要求；从事标准化方法论研究和管理专家参与全国能标委的工作，使中国的节能标准化工作一开始就被纳入中国国家标准化工作体系，成为国家标准化体系建设的重要组成部分，也是当时少有的直属国家标准化主管部门的标准化技术委员会之一，这些条件使全国能标委具有较高的科技水平和强大的社会影响，也因此为中国节能标准化的发展奠定了坚实的工作基础和较高的起点。

此外，为了积极推进我国各地区的能源标准化工作，在国家标准化管理机构的领导下，我国的华北、华东、东北、西北、西南、中南等六大地区于20世纪80年代先后组建成立了本地区的能源标准协作网组织，这在标准化领域也是一大创举。各个协作网在国家与省市以及各省市的标准化管理与工作机构之间建立起一个传递与沟通驿站，为在本地区乃至全国范围内全面、统一、协调开展节能标准化工作做出了很大贡献。而且，各省市也大都建立了有关的能源标准化技术委员会，负责推进本地区节能标准化工作。

这一阶段在全国范围开展的主要节能活动包括：在国家“五个节能指令”要求下进行的节能技术改造；为摸清“能源使用量的家底”，广泛开展了企业能量平衡；行业内部开展的节能评比与企业升级；行业和地方实行的节能奖励。配合这一时期的节能工作，节能标准化工作的重点首先是从基础做起，为满足当时节能工作需要，反映并适应我国当时的社会用能状况与节能水平，全国能标委组织制定了单位与换算、术语、图形符号、企业能量平衡、企业能流图、综合能耗、节能量及热效率计算方法、用能产品能耗限定值等一批节能基础和方法类国家标准。具体内容包括：

(1) 在全国范围内普及了能源与节能的相关概念，对节能工作常用的基本术语、基本原理、基本分析计算方法进行了科学的规范，在完成一系列标准研制的基础上，还组织编著了《能源基础术语》一书。

(2) 按照热力学基本原理，建立了能源使用系统的观念，帮助树立全过程节能的思想。确立了从能源生产、购销、供应、输送、储存、配送、转换到终端使用的系统节能观点；按照热力学原理在能源实用领域建立了能量平衡的观点与能源效率的观念。虽然建立在工艺有效性基础上的能源利用率观点有许多缺陷，但是许多研究至今还频繁地使用能源利用率的概念进行用能水平与节能潜力的描述。

(3) 对企业的能源统计与节能的量化评价起到重要的作用，对节能初期加强各级能源管理，起到了至关重要的作用。

(4) 开始按照国际社会的通行做法，探索在中国对用能产品的能效实行限额管理的方式，以期提高终端产品的能效，促进节能技术的推广。为此，全国能标委组织制定了家用电冰箱、房间空气调节器、洗衣机、电视机等 8 个主要家用电器的强制性能效标准。

总体来讲，20 世纪 80 年代的节能标准化工作强调基础和计算方法，有效地解决了中国节能管理基础十分薄弱的状况。所制定的节能基础、基本方法等国家标准实用性强、理论水平高。其中由吴仲华院士领导制定的 GB 2586《热量单位、符号与换算》、GB 2587《热设备能量平衡通则》、GB 2588《设备热效率计算通则》和 GB 2589《综合能耗计算通则》等 4 项国家标准，获得了 1984 年度的国家科技进步二等奖，开创了中国标准化研究的先河，这是节能标准化工作的极大荣誉。

这一时期节能标准化成果统一了对能源与节能的基本认识，为中国节能工作提供基本理论依据和基本方法依据，奠定了中国节能的科学基础，使节能工作诸多领域有了科学的发展思路，各个层次节能工作有了规范的方法，配合推动了当时节能政策的有效实施。

2. 节能标准化工作坎坷发展阶段

20 世纪 90 年代是中国社会主义市场经济体制逐步确立时期。节能标准化在这十年中也经历了一个跌宕起伏的发展过程。

90 年代前半程，国有经济占全国经济成分的绝对优势，节能计划在国民经济发展计划中占有重要的位置，政府行政管理是推进节能的主要方式。在节能的计划管理中，节能标准化管理手段得到最广泛应用。这期间，在国家标准化行政管理部门和节能主管部门的直接领导下，全国能标委组织制定了一批与政府节能管理配套的系列节能标准。具体内容包括：

(1) 在以前节能测试技术服务概念的基础上，提出并明确了工业用能设备节能监测的概念，增加了对用能设备进行评价、监督等执法考核内容。研制了系列用能设备节能监测方法标准，共涉及 12 类量大面广的工业用能设备或系统。

(2) 强化对在用工业用能设备科学、有序的管理，组织制定了系列工业设备系统经济运行的国家标准。这些标准涵盖了风机、泵类、压缩机、电动机、变压器等中国主要的工业耗能设备,为有效改进设备及其系统的运行、提高其能效发挥了重要作用。

(3) 针对企业和宾馆、饭店等用能单位进行能源管理需求,组织研制了电、热等能源合理利用评价标准,企业能量平衡统计与测试标准,企业能源审计与计量器具管理标准等。

这一阶段,节能标准广泛用于各个节能管理领域,成为能源管理的强有力工具,成为各级、各地方节能管理机构进行节能管理的技术依据。在国家标准化管理机构(原国家技术监督局)和国家节能主管部门(原国家计委、国家经贸委)的直接组织和推动下,我国不仅制定节能标准的数量较大,举办的各种节能标准的培训活动相对最多,学习和应用节能标准的机构、人员也达到了空前的规模,使得大量的节能管理标准都得以很好的宣贯和实施,产生了巨大的社会影响和良好的经济效果。

以节能监测系列标准为例,全国实施节能监测的机构就达到 1 000 个以上,从事节能监测的人员在 1 万人以上。为宣传、培训节能监测标准编写的教材有近 100 万字,印刷数量达到 10 万册以上。

再如经济运行系列标准,原国家技术监督局专门组织开发了用于三相异步电动机经济运行监测的便携式仪器;组织编写的有关风机、水泵经济运行标准的宣贯教材有近 10 个版本,参加全国性标准宣贯的各地节能管理人员和企业人员达到上万人次。中国的大连市选定纺织、机械、冶金、石化等 5 个企业进行运行标准试点,实施了 12 项技术改造项目,使风机、水泵系统达到经济运行的要求,改造后年节电 810 万 kW·h,年经济效益 330 万元,其中直接节电经济效益达到 200 万元。

可以说,20 世纪 90 年代前半期,中国的节能标准,尤其是系列节能管理标准的研制和实施取得了显著的效益和影响,有力推动了这一时期节能管理工作的深入开展。为此,GB/T 13466—1992《交流电气传动风机(泵类、压缩机)系统经济运行通则》、GB/T 13467—1992《通风机系统电能平衡测试与计算方法》、GB/T 13468—1992《泵类系统电能平衡的测试与计算方法》等 6 项系列经济运行国家标准获国家技术监督局科技进步二等奖;GB 15316—1994《节能监测技术通则》获国家技术监督局科技进步四等奖。

20 世纪 90 年代后半期,中国经济体制改革与政府机构改革步伐加快。伴随着迅速发展的市场经济的浪潮,政府机构进行了重大的调整,政府职能进行了重新定位,大量政府行政性机构进行了调整或精简,原有的政府行政管理的节能方式逐步失灵,而从管理向服务的转变又尚未完成,因此使得节能工作的推动力明显不足。另外,国有企业还不能适应改制潮流,市场竞争乏力,困难重重,无暇顾及节能。90 年代后期能源供需矛盾相对缓和,也带来节能的外在压力减轻。外部环境和内部机制不适应使相应的节能标准化工作和其他节能基础性工作均被大大削弱。

这个时期虽然国家颁布了《中华人民共和国节约能源法》,但贯彻实施力度不大,节能机构大幅度精简,节能人员大量流失,节能资金和人力投入减少,节能工作步入了低谷。节能标准化也受到相应的影响,主要表现在:

(1) 国家对节能标准的投入减少;

(2) 国家标准化管理部门新制定的节能标准数量下降;

(3) 原有的节能基础与方法标准未能进行及时的修订或更新;

(4) 节能标准的培训和宣传贯彻基本陷入停顿；

(5) 新上岗的能源管理人员不熟悉节能标准；

(6) 原有节能标准确立的方法和制度（经济运行考核、用能设备节能监测、能耗定额管理等）逐渐失去作用，而替代措施又未建立。

节能基础与管理标准化工作的相对削弱，已经明显地给节能工作带来了不利影响。

3. 节能标准化工作快速发展阶段

进入21世纪以来，中国经济的市场化程度不断提高，持续的能源需求增长，节能技术的进步与节能产业的形成，对制定和实施节能标准提出了新的要求。

中国的节能主管部门总结以往的经验，依据客观经济和社会环境，借鉴国外成功经验，提出了“重视源头节能”、“提高市场准入门槛”、“注重用能大户的节能”等新的节能管理思路，把节能管理从对生产过程的管理转向对终端用能产品的管理，这种转变把节能标准化摆到了节能工作的重要位置，节能标准的制定和实施得到极大的重视。由此，推动了我国能效标准的发展，政府把制定与颁布实施产品能效标准、从消费终端进行节能管理与市场引导变为一项重大的节能管理指导思想。

随着节能国际合作项目的扩大，节能标准工作国际合作的增加，作为国际合作的重要内容，修订与制定终端用能产品强制性能效标准成为21世纪以来节能标准化工作的一项主要任务，得到政府节能主管部门与国际合作机构的认可。事实上，多数用能产品能效标准的制定和修订都是伴随着节能领域的国际合作项目而完成的，这也是近些年来中国节能标准化工作的一个特点。

这一时期，标准质量有了较大提高，能效标准制定的理论与方法逐渐成熟；国际专家参与标准的制定过程使中国能效标准与国际接轨成为可能；把能效标准制定与实施作为节能项目国际合作的组成部分使能效标准实施的可操作性提高。

可以说，能效标准在规范市场准入、引导与调控能源经济运行、维护公平竞争、为消费者提供直接而可靠的能效信息方面，乃至推动社会节能方面都发挥了巨大作用，取得了明显的经济、节能和环保效益。

二、我国节能标准化现状

1. 节能标准化管理

按照《中华人民共和国标准化法》的规定，中国标准化工作实行统一管理与分工负责相结合的管理体制，具体分工如下：

● 国家标准化行政主管部门统一负责管理全国的标准化工作；

● 国务院各有关主管部门或行业协会负责管理本部门本行业的标准化工作；

● 省、自治区、直辖市的质量技术监督局负责管理本行政区域内的标准化工作；

● 各级标准化管理部门还分别设有标准化技术机构和标准化协会组织。企业的标准化管理机构和相应的技术岗位设立在技术管理部门。

从标准的研制运行机制看，中国目前实行的是以政府各级有关主管部门为管理机构，以科研院所、大专院校、检验机构和企业为依托机构，以标准化技术委员会和行业协会为技术组织形式，自上而下的管理模式。国家标准制定任务的提出、标准制定所需的社会调查工作、标准文本的起草与面向社会的广泛征求意见、标准文本的技术审查主要由各个专业标准化技术委员会或行业协会组织完成，国家标准的最终行政审查由“国家标准技术审查部”来完成，标准化主管部门则负责颁布标准。整个国家标准的制定周期一般需要1～3年的时间。负责节能标准化工作的技术委员会是全国能标委，在国家标准委的代号为：SAC/TC 20。

我国的节能标准化管理与研究体系框图如图2-2所示。

全国能标委成立于1981年，所从事的标准化工作领域主要包括：

- 节能和能源领域的术语和图形符号；
- 节能监测方法；
- 耗能产品设备以及节能材料的质量、性能要求；
- 用能产品和设备能效标准；
- 单位产品能源消耗限额；
- 耗能设备及其系统的经济运行；
- 能源产品和节能产品质量认证要求；
- 能源开发、利用、管理和其他节能技术要求等。

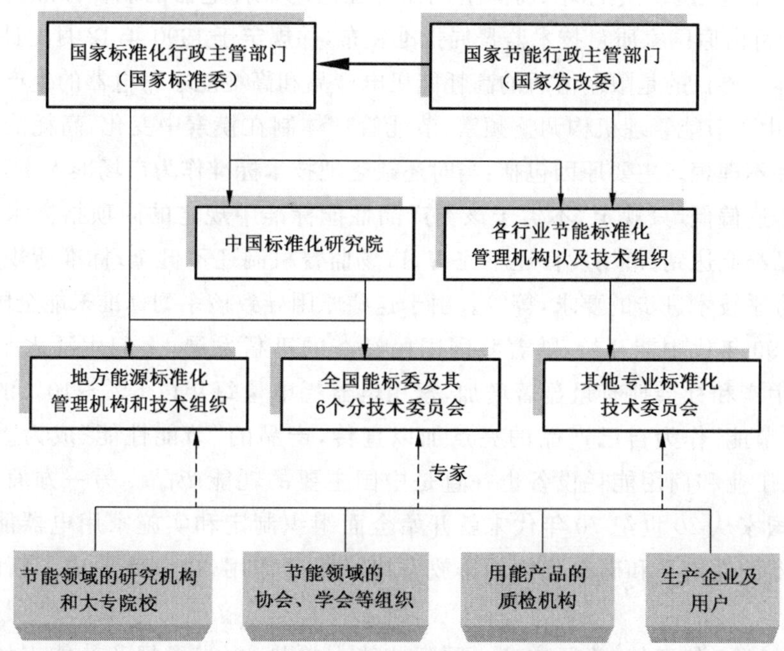

图2-2　我国的节能标准化管理与研究体系框图

2004年，经过换届，全国能标委组成了第四届委员会。同时，根据节能与建立节约型社会形势的需要，对分委员会也进行了调整和补充。目前，全国能标委拥有6个分技术委员会，分别是能源管理分委会（SAC/TC 20/SC 3），合理用电分委会（SAC/TC 20/SC 4），省能材料应用分委会（SAC/TC 20/SC 5）、新能源和可再生能源分委会（SAC/TC 20/SC 6）、林业能源管理分委会（SAC/TC 20/SC 7）、节能技术与信息分委会（SAC/TC 20/SC 8）。

2. 节能标准化现状

经过 20 多年的探索与发展，长期社会实践的筛选，我国已经制定了一大批国家急需的节能标准，初步形成了与我国节能工作领域相对应的节能标准系列，取得了显著的成绩，产生了很大的社会影响。

截至 2007 年年底，在节能领域，共组织制定了 400 余项国家标准，其中全国能标委组织制定了 100 余项国家标准。电力、石油、机械、交通、建筑、原材料等行业以及天津、山东等制定的行业标准和地方节能标准总数超过 500 余项。

我国的节能标准已经比较全面地覆盖了节能领域的各个方面。标准在节能工作中所发挥的作用也更有针对性，更具节能工作的需要，各类节能标准也获得较大的发展，以下介绍几类节能标准的发展情况。

(1) 终端用能产品能效标准

20 世纪 80 年代中后期，全国能标委合理用电分技术委员会组织制定了 GB 12021.1—1989《家用和类似用途电器电耗(效率)限定值及其测试方法　编制通则》，并按照上述标准规定原则编制了包括家用电冰箱、房间空调器等在内的 8 种电器的能耗标准。这一批标准于 1989 年 12 月由原国家质量技术监督局批准发布，并规定于 1990 年 12 月 1 日实施。当时制定这些标准主要目的是限制落后的高耗能机电产品和高耗能家用电器的生产。在当时的历史背景下，由于节能管理机构调整频繁，节能管理体制在摸索中变化，高耗能机电产品淘汰制度实施并不理想。主要原因包括：当时还缺乏把技术标准作为市场准入工具的意识，标准指标设定普遍偏低，只规定“不劣于该类产品性能标准中规定的同项指标水平”，差不多 90%以上产品都能达到；市场发育还不完善，市场监督机制还不健全；标准所规定的指标要求不能完全合乎技术进步的要求，等等。由于这些原因导致该系列标准未能全国有效实施。

20 世纪 90 年代中期开始，随着我国国民经济的迅猛发展，人们生活水平迅速提高，家用电器的生产和社会拥有量显著增加，家用电器耗电量每年以 5%～10%的幅度增长，众多商家把“节能”作为自己产品的亮点加以宣传，产品的“节能性能”成为重要的卖点。而照明产品、工业和商用能耗设备也一直是中国主要的耗能产品。另一方面，国际社会，特别是发达国家从 20 世纪 70 年代末就开始全面组织制定和实施家用电器能效标准，为减少家用电器的耗能量和碳氧化物的排放发挥了重要作用，也由此形成了新的技术性贸易壁垒。

为此，从 1995 年开始，为适应这一国际节能大趋势，也为了规范节能市场，保护消费者的合法权益，推动节能产品与技术市场的有序竞争和健康发展，在国家有关部门的支持下，全国能标委开始组织修订和制定系列能效标准。其中首先是对 GB/T 15320《节能产品评价导则》及时进行修订。该项标准规定了“节能产品”的评价原则、程序和应考评的主要内容，把节能效果、环保与社会效果、产品性能价格比、使用产品的投资回收期、产品的科技含量与技术水平、产品的成熟程度与用户的使用反映用于综合考核节能产品。这些要求也是引导节能产品研制开发和生产的方向。

此后，在国家节能主管部门和标准化管理机构的指导和支持下，在国际有关机构的资助下，全国能标委根据新修订的《节能产品评价导则》，陆续开始组织原有家电能效标准的修订及新产品能效标准的制定工作，并引入国际上先进的工程/经济分析方法进行能效指标的分析研究。到目前为止，已先后对家用电冰箱、房间空气调节器完成了两次修订，对家用洗衣机、彩色电视机完成了1次修订工作。同时还集中力量组织了中小型三相异步电动机、容积式空气压缩机、配电变压器、冷水机组等工业设备和商业用能产品能效标准的研制。2001年～2004年，为配合中国绿色照明工程促进项目的实施，先后完成了双端荧光灯、自镇流荧光灯、高压钠灯、金属卤化物灯等照明产品能效标准的研制。

到目前为止，我国已正式颁布实施的能效标准有34项，涉及的产品和设备包括以下6大类：

a）家用电器类，包括家用电冰箱、房间空气调节器、电动洗衣机、彩色电视机、电风扇、电饭锅等；

b）照明器具类，包括双端荧光灯、自镇流荧光灯、单端荧光灯、荧光灯镇流器、高压钠灯、高压钠灯镇流器、金属卤化物灯、金属卤化物灯镇流器等；

c）工业设备类，包括中小型三相异步电动机、通风机、清水离心泵、容积式空气压缩机、配电变压器等；

d）商用设备类，包括冷水机组、单元式空调等；

e）电子信息产品类，包括复印机、计算机显示器等；

f）交通工具类，包括乘用车等。

目前，我国能效标准涵盖了能效限定值、节能评价值、能效分等分级指标以及超前能效指标中的部分或全部内容。围绕能效标准的实施，我国节能主管部门和质检部门分别于1998年和2005年实施了节能产品认证制度和强制性的能效标识制度。目前，我国以能效标准为基础实行“能源效率标识”的产品已有15个，实施节能产品认证的产品有39类，超过2 000个型号。

新时期制定和修订的大量能效标准，适应了中国市场经济的发展，推动了与国际接轨的步伐，有力地促进了用能产品生产企业技术水平的提高。据统计，实施新的能效标准以后，家用电冰箱与房间空调器的能效水平约提高20%，电动机效率约提高5%。预测显示，从2006年到2010年，能效标准的有效实施可累计节电292.5 TW·h，折合一次能源1.42亿tce。

可以说，能效标准和标识制度发挥了节能工作政府主导、市场导向的作用，成为政府推进节能的有力政策工具，是终端用能产品市场转换的政策核心。这一系列能效标准是市场经济体制下，政府实施社会经济宏观调控、进行社会监管、规范市场行为的基本尺度。

（2）节能监测系列标准

为了规范节能监测工作，1990年国家计委制定了《节能监测管理办法》。从1993年开始，为配合在全国范围内开展的节能监测活动，全国能标委会同全国节能监测管理中心联合制定了《节能监测标准体系规划方案》，并经国家经贸委司局（文）节约（1993）29号批准实施。该方案把节能监测标准分为“国家”、“行业”、“地方”三种类型，包含在规划中的标准总计有44项，包括17项通用标准与27项专业标准。而适于制定节能检测标准的用能设备，在工业领域共约150种。

从 1993 年开始，全国能标委依靠全国各地方节能监测中心的力量，陆续组织了 14 项节能监测系列标准的制定，包括 1 项通则标准：GB/T 15316—1994《节能监测技术通则》和 12 项各工业耗能设备或系统的专项节能监测方法标准，涉及的产品或系统包括工业锅炉、工业热处理电炉、火焰加热炉、热力输送系统、工业电热设备、活塞式单级制冷机组及其供冷系统、风机机组与管网系统、蒸汽加热设备、企业供配电系统、空气压缩机组及供气系统、泵机组液体输送系统以及电焊设备。

这些标准在充分调研分析有关耗能设备运行现状的基础上，以大量实际监测数据为依据，经过充分的研讨和论证，明确了有关耗能设备和系统的能源利用状况的监测内容，统一了全国进行节能监测的原则：首先是宽严程度、政策尺度、详尽程度等，明确了指标数量设置原则、现场工作原则、反映实际工况原则等。由于针对具体设备或系统确定了统一的监测技术指标，统一了检查测试的内容与测试方法，包括允许的测试误差、数据处理与争议的处理等，因此这些标准具有非常强的可操作性。

标准研制完成后，全国能标委与全国节能监测管理中心合作，陆续组织有关起草单位和专家编写、印刷了节能监测系列标准的宣贯教材共 3 册 2 万本，并分别在北京、大连、四川等地举办了多期宣贯培训班。全国绝大部分的节能监测机构均派人参加了培训研讨，为 20 世纪 90 年代中期全面深入开展节能监测工作提供了非常好的指导和帮助，得到了各级节能监测系统及广大企业的热烈好评。

节能监测系列标准曾经是实施状况最好的节能标准，但在 20 世纪 90 年代后期由于国家节能工作的削弱，多数行业节能监测已经停顿，相应的标准的使用也已经停止。虽然还有一些省市在继续开展着节能监测工作，但是标准明显陈旧，平均标龄长达十几年，标准的内容已经明显落后于时代的发展。2005 年，“节能监测和技术服务体系建设工程”已被列为国家《节能中长期专项规划》的 10 大重点工程之一，“十一五”期间国家要强化省级和主要耗能行业节能监测中心能力建设，并将依法开展节能执法和节能监测工作，因此对相应标准的修订成为最紧迫的任务。目前全国能标委正在加紧修订这批标准，并且根据监测需求制定新的节能监测标准。

(3) 工业耗能设备经济运行系列标准

1991 年开始，根据当时节能工作的实际需求，全国能标委合理用电分委会组织了系列工业用能设备经济运行标准的研究制定工作。工矿企业电力变压器、交流电气传动风机(泵类、压缩机)系统、工业用离心泵、混流泵、轴流泵与旋涡泵系统、通风机系统经济运行等系列国家标准由此出台，正式发布于 1992 年。这些标准中主要规定了经济运行的定义、基本要求、判别与评价方法、技术管理措施以及系统电能平衡测试与计算方法等内容。这些标准的实施对国民经济发展产生了很大影响，对风机、水泵等主要工业耗能设备运行过程中的节能工作起到了很好的规范、促进作用。其中有 4 项标准也因此获得了 1995 年国家质量技术监督局标准科技进步二等奖。

标准完成后，在原国家计委和电力部的积极支持下，合理用电分委会组织主要起草人员编写了相应的宣贯教材，连续举办了 4 期培训活动，超过 400 名的社会各界人士参加了宣贯班，系统学习了标准的主要内容和实施意义，为全面贯彻和实施经济运行标准打下了良好的基础。

之后，全国能标委还陆续组织了三相异步电动机、工业锅炉、燃煤生活锅炉、空气调节系统等经济运行标准的制修订，完善了工业设备经济运行的标准体系。

(4) 其他基础、管理及方法类节能标准

全国能标委及各个分委会在成立的 20 多年间，组织制定和修订了大量的基础、管理和方法类节能标准，包括术语、单位符号、能源统计与分析方法、能量平衡、能源计量器具配备、节能效益计算、评价企业合理用能等，如：企业节能量计算方法、评价企业合理用热技术导则、评价企业合理用电技术导则、企业能量平衡通则、企业能源审计技术通则、工业企业能源管理导则，产品电耗定额制定和管理导则，宾馆、饭店合理用电等标准，大约 30 余项。

从性质上说，这一类标准属于在理论上指导用能企业合理使用能源，评价能源利用的有效性，研究能源利用状况，寻求节能的机会，改进现有用能方式或调整能源使用结构的节能标准，这些标准也可用来研究影响企业能源利用效果，分析各种相关因素对能源使用的影响程度等，可以说这些标准提供了一种工具。实践经验表明，这些标准同时也可作为开发企业合理用能分析评价模型的基础。这些标准的实施对企业能源管理的现代化，推动节能工作由单向进行发展为系统改进，从用能系统优化的角度挖掘节能潜力具有重要意义。

这些标准客观上说是对能源有效利用重要途径的客观规范，是在最具有潜力的领域挖掘节能机会的指南。有些机构也使用这些标准向企业开展“节能诊断”服务，作为评价节能项目效果的工具，但其影响的广度与深度都不能与“能效标准”和系列“节能监测标准”相比。在 20 世纪 90 年代，这些标准主要被节能主管部门作为考核企业能源利用状况的尺度，但始终没有在全国范围全面推进，后来逐渐被淡化，标龄平均超过 10 年，老化严重，亟待修订。

能源审计是政府加强用能监管的重要手段与工具，2006 年 4 月国家发改委、国家能源办、国家统计局、国家质检总局、国有资产监督管理委员会联合发出《关于印发千家企业节能行动实施方案的通知》，要求各省市、自治区、直辖市、有关部门、行业协会和企业加强对重点耗能企业的节能管理，其中很重要的一项工作就是企业能源审计。虽然在中国与许多国际机构的节能合作中，都把“能源审计能力”、“系统优化”、“能源诊断”作为重要内容，但有关方面并没有把制定相关的标准放在重要位置。由于社会需要，一些节能服务机构、EMC 公司、国外机构就按照自已想象或理解实施了各种形式的能源诊断、审计，出现节能标准走在社会实践的后面现象。千家企业节能行动的实施更是对能源审计标准提出了迫切的需求。

3. 已经发布和实施的节能标准

经粗略统计，在节能标准化工作人员长期的努力工作下，我国目前已制定出 180 多个各类国家节能标准，300 多个各类行业节能标准，为了企业能够了解这些节能标准，以便在节能工作中更好地应用这些节能标准，现将这些标准列在表 2-1 和表 2-2 中。

表 2-1　已发布的国家节能标准

所属体系	标准类别	标准编号	标准名称
节能基础标准	术语标准	GB/T 1028—2000	工业余热术语、分类、等级及余热资源量计算方法
		GB/T 6425—2008	热分析术语
		GB/T 17050—1997	热辐射术语
		GB/T 17781—1999	技术能量系统　基本概念
	文字代号标准	GB/T 4270—1999	技术文件用热工图形符号与文字代号
节能技术标准	节能测试与检验标准	GB/T 10294—2008	绝热材料稳态热阻及有关特性的测定　防护热板法
		GB/T 10295—2008	绝热材料稳态热阻及有关特性的测定　热流计法
		GB/T 10296—2008	绝热层稳态传热性质的测定　圆管法
		GB/T 17357—2008	设备及管道绝热层表面热损失现场测定　热流计法和表面温度法
		GB/T 18293—2001	电力整流设备运行效率的在线测量
		GB/T 8174—2008	设备及管道绝热效果的测试与评价
		GB/T 14809—2000	高频介质加热设备输出功率的测定方法
		GB/T 7287.1—1987	红外辐射加热器电尺寸、形状及外观的检测方法
		GB/T 7287.7—1987	红外辐射加热器电-热辐射转换效率测量方法
		GB/T 13475—2008	绝热　稳态传热性质的测定　标定和防护热箱法
		GB/T 8484—2008	建筑外门窗保温性能分级及检测方法
		GB 50185—1993	工业设备及管道绝热工程质量检验评定标准
		GB/T 10180—2003	工业锅炉热工性能试验规程
		GB/T 10820—2002	生活锅炉热效率及热工试验方法
		GB/T 12545.1—2001	乘用车燃料消耗量试验方法
		GB/T 12545.2—2001	商用车辆燃料消耗量试验方法
		GB/T 18566—2001	运输车辆能源利用检测评价方法

续表 2-1

所属体系	标准类别	标准编号	标准名称
节能技术标准	节能测试与检验标准	GB/T 19230.1—2003	评价汽油清净剂使用效果的试验方法　第1部分:汽油清净剂防锈性能试验方法
		GB/T 19230.2—2003	评价汽油清净剂使用效果的试验方法　第2部分:汽油清净剂破乳性能试验方法
		GB/T 19230.3—2003	评价汽油清净剂使用效果的试验方法　第3部分:汽油清净剂对电子孔式燃油喷嘴(PFI)堵塞倾向影响的试验方法
		GB/T 19230.4—2003	评价汽油清净剂使用效果的试验方法　第4部分:汽油清净剂对汽油机进气系统沉积物(ISD)生产倾向影响的试验方法
		GB/T 19230.5—2003	评价汽油清净剂使用效果的试验方法　第5部分:汽油清净剂对汽油机进气阀和燃烧室沉积物生成倾向影响的发动机台架试验方法(Ford 2.3 L方法)
		GB/T 19230.6—2003	评价汽油清净剂使用效果的试验方法　第6部分:汽油清净剂对汽油机进气阀和燃烧室沉积物生产倾向影响的发动机台架试验方法(M111法)
		GB/T 19233—2008	轻型汽车燃料消耗量试验方法
		GB/T 4352—2007	载货汽车运行燃料消耗量
		GB/T 4353—2007	载客汽车运行燃料消耗量
		GB/T 20137—2006	三相笼型异步电动机损耗和效率的确定方法
		GB/T 5321—2005	量热法测定电机的损耗和效率
		GB/T 6072.1—2008	往复式内燃机　性能　第1部分:功率、燃料消耗和机油消耗的标定及试验方法　通用发动机的附加要求
		GB/T 755.2—2003	旋转电机(牵引电机除外)确定损耗和效率的试验方法
		GB/T 10863—1989	烟道式余热锅炉热工试验方法

续表 2-1

所属体系	标准类别	标准编号	标准名称
节能技术标准	节能测试与检验标准	GB/T 13686—1992	建筑外门的空气渗透性能和雨水渗漏性能分级及其检测方法
		GB/T 15227—2007	建筑幕墙气密、水密、抗风压性能检测方法
		GB/T 16486—1996	摩托车和轻便摩托车燃油消耗试验方法
		GB/T 18386—2005	电动汽车　能量消耗率和续驶里程试验方法
		GB/T 19753—2005	轻型混合动力电动汽车能量消耗量试验方法
		GB/T 19754—2005	重型混合动力电动汽车能量消耗量试验方法
		GB/T 6301—1986	船用柴油机燃油消耗率测定方法
	节能设备标准	GB 13544—2000	烧结多孔砖
		GB 50189—2005	公共建筑节能设计标准
		GB/T 11944—2002	中空玻璃
		GB/T 17795—2008	建筑绝热用玻璃棉制品
		GB/T 18892—2002	复印机械环境保护要求　静电复印机节能要求
		GB/T 18342—2001	链条炉排锅炉用煤技术条件
		GB/T 21056—2007	风机、泵类负载变频调速节电传动系统及其应用技术条件
		GB/T 21663—2008	小容量节能环保隐极同步发电机技术要求
	节能设计标准	GB 50264—1997	工业设备及管道绝热工程设计规范
		GB/T 4272—2008	设备及管道绝热技术通则
		GB/T 8175—2008	设备及管道绝热设计导则
		GB/T 16618—1996	工业炉窑保温技术通则
		GB 52234—2004	建筑照明设计标准
		GB 50376—2006	橡胶工厂节能设计规范
节能管理标准	产品和设备能效标准	GB 12021.2—2008	家用电冰箱耗电量限定值及能源效率等级
		GB 12021.3—2004	房间空气调节器能源效率限定值及节能评价值

续表 2-1

所属体系	标准类别	标准编号	标准名称
节能管理标准	产品和设备能效标准	GB 12021.4—2004	电动洗衣机能耗限定值及能源效率等级
		GB 12021.6—2008	自动电饭锅能效限定值及能效等级
		GB 12021.7—2005	彩色电视广播接收机能效限定值及节能评价值
		GB 12021.9—2008	交流电风扇能效限定值及能效等级
		GB 17896—1999	管形荧光灯镇流器能效限定值及节能评价值
		GB 18613—2006	中小型三相异步电动机能效限定值及能效等级
		GB 19043—2003	普通照明用双端荧光灯能效限定值及能效等级
		GB 19044—2003	普通照明用自镇流荧光灯能效限定值及能效等级
		GB 19153—2003	容积式空气压缩机能效限定值及节能评价值
		GB 19415—2003	单端荧光灯能效限定值及节能评价值
		GB 19573—2004	高压钠灯能效限定值及能效等级
		GB 19574—2004	高压钠灯镇流器能效限定值及节能评价值
		GB 19576—2004	单元式空气调节机能效限定值及能效等级
		GB 19577—2004	冷水机组能效限定值及能效等级
		GB 19578—2004	乘用车燃料消耗量限值
		GB 19761—2005	通风机能效限定值及节能评价值
		GB 19762—2007	清水离心泵能效限定值及节能评价值
		GB 20052—2006	三相配电变压器能效限定值及节能评价值
		GB 20053—2006	金属卤化物灯用镇流器能效限定值及能效等级
		GB 20054—2006	金属卤化物灯能效限定值及能效等级

续表 2-1

所属体系	标准类别	标准编号	标准名称
节能管理标准	产品和设备能效标准	GB 20665—2006	家用燃气快速热水器和燃气采暖热水炉能效限定值及能效等级
		GB 20943—2007	单路输出式交流-直流和交流-交流外部电源能效限定值及节能评价值
		GB 20997—2007	轻型商用车燃料消耗量限值
		GB 21377—2008	三轮汽车　燃料消耗量限值及测量方法
		GB 21378—2008	低速货车　燃料消耗量限值及测量方法
		GB 21454—2008	多联式空调(热泵)机组能效限定值及能源效率等级
		GB 21455—2008	转速可控型房间空气调节器能效限定值及能源效率等级
		GB 21456—2008	家用电磁灶能效限定值及能源效率等级
		GB 21518—2008	交流接触器能效限定值及能效等级
		GB 21519—2008	储水式电热水器能效限定值及能源效率等级
		GB 21520—2008	计算机显示器能效限定值及能效等级
		GB 21521—2008	复印机能效限定值及能效等级
	合理用能标准	GB/T 10201—2008	热处理合理用电导则
		GB/T 12712—1991	蒸汽供热系统凝结水回收及蒸汽疏水阀技术管理要求
		GB/T 13608—1992	合理润滑技术通则
		GB/T 7607—2002	柴油机油换油指标
		GB/T 8028—1994	汽油机油换油指标
	节能计算标准	GB/T 13234—1991	企业节能量计算方法
		GB/T 13338—1991	工业燃料炉热平衡测定与计算基本规则
		GB/T 13467—1992	通风机系统电能平衡测试与计算方法
		GB/T 13468—1992	泵类系统电能平衡测试与计算方法
		GB/T 13471—2008	节电技术经济效益计算与评价方法

续表 2-1

所属体系	标准类别	标准编号	标准名称
节能管理标准	节能计算标准	GB/T 17719—1999	工业锅炉及火焰加热炉烟气余热资源量计算方法与利用导则
		GB/T 2588—2000	设备热效率计算通则
		GB/T 2589—2008	综合能耗计算通则
		GB/T 7187.1—1987	运输船舶燃油消耗量　海洋船舶计算方法
		GB/T 7187.2—2001	运输船舶燃油消耗量　长江船舶计算方法
		GB/T 7187.3—2001	运输船舶燃油消耗量　内河船舶计算方法
	节能监测标准	GB 15316—1994	节能监测技术通则
		GB/T 15317—1994	工业锅炉节能监测方法
		GB/T 15318—1994	工业热处理电炉节能监测方法
		GB/T 15319—1994	火焰加热炉节能监测方法
		GB/T 15910—1995	热力输送系统节能监测方法
		GB/T 15911—1995	工业电热设备节能监测方法
		GB/T 15912—1995	活塞式单级制冷机组及其供冷系统节能监测方法
		GB/T 15913—1995	风机机组与管网系统节能监测方法
		GB/T 15914—1995	蒸汽加热设备节能监测方法
		GB/T 16664—1996	企业供配电系统节能监测方法
		GB/T 16665—1996	空气压缩机组及供气系统节能监测方法
		GB/T 16666—1996	泵类及液体输送系统节能监测方法
		GB/T 16667—1996	电焊设备节能监测方法
		GB/T 16811—2005	工业锅炉水处理设施运行效果与监测
		GB/T 17751—1999	运输船舶能源利用监测评价方法
	经济运行标准	GB/T 12497—2006	三相异步电动机经济运行
		GB/T 13462—2008	电力变压器经济运行
		GB/T 13466—2006	交流电气传动风机(泵类、压缩机)系统经济运行通则
		GB/T 13469—2008	离心泵、混流泵、轴流泵与旋涡泵系统经济运行

续表 2-1

所属体系	标准类别	标准编号	标准名称
节能管理标准	经济运行标准	GB/T 13470—2008	通风机系统经济运行
		GB/T 17954—2007	工业锅炉经济运行
		GB/T 17981—2007	空气调节系统经济运行
		GB/T 18292—2001	生活锅炉经济运行
		GB/T 19065—2003	电加热锅炉系统经济运行
	能耗限额标准	GB 16780—2007	水泥单位产品能源消耗限额
		GB 21248—2007	铜冶炼企业单位产品能源消耗限额
		GB 21249—2007	锌冶炼企业单位产品能源消耗限额
		GB 21250—2007	铅冶炼企业单位产品能源消耗限额
		GB 21251—2007	镍冶炼企业单位产品能源消耗限额
		GB 21252—2007	建筑卫生陶瓷单位产品能源消耗限额
		GB 21256—2007	粗钢生产主要工序单位产品能源消耗限额
		GB 21257—2007	烧碱单位产品能源消耗限额
		GB 21258—2007	常规燃煤发电机组单位产品能源消耗限额
		GB 21340—2008	平板玻璃单位产品能源消耗限额
		GB 21341—2008	铁合金单位产品能源消耗限额
		GB 21342—2008	焦炭单位产品能源消耗限额
		GB 21343—2008	电石单位产品能源消耗限额
		GB 21344—2008	合成氨单位产品能源消耗限额
		GB 21345—2008	黄磷单位产品能源消耗限额
		GB 21346—2008	电解铝企业单位产品能源消耗限额
		GB 21347—2008	镁冶炼企业单位产品能源消耗限额
		GB 21348—2008	锡冶炼企业单位产品能源消耗限额
		GB 21349—2008	锑冶炼企业单位产品能源消耗限额
		GB 21350—2008	铜及铜合金管材单位产品能源消耗限额
		GB 21351—2008	铝合金建筑型材单位产品能源消耗限额
		GB 21370—2008	炭素单位产品能源消耗限额
		GB/T 12723—2008	单位产品能源消耗限额编制通则

续表 2-1

所属体系	标准类别	标准编号	标准名称
节能管理标准	能耗限额标准	GB/T 17358—1998	热处理生产电耗定额及其计算和测定方法
		GB/T 19944—2005	热处理生产燃料消耗定额及其计算和测定方法
	能源计量标准	GB 17167—2006	用能单位能源计量器具配备和管理通则
		GB/T 17471—1998	锅炉热网系统能源监测与计量仪表配备原则
		GB/T 20901—2007	石油石化行业能源计量器具配备和管理要求
		GB/T 20902—2007	有色金属冶炼企业能源计量器具配备和管理要求
		GB/T 21367—2008	化工企业能源计量器具配备和管理要求
		GB/T 21368—2008	钢铁企业能源计量器具配备和管理要求
		GB/T 21369—2008	火力发电企业能源计量器具配备和管理要求
		GB/T 6422—1986	企业能耗计量与测试导则
	能源统计标准	GB/T 21392—2008	船舶运输能源消耗统计及分析方法
		GB/T 21393—2008	公路运输能源消耗统计及分析方法
	综合评价标准	GB/T 8222—2008	用电设备电能平衡通则
		GB/T 12455—1990	宾馆、饭店合理用电
		GB/T 14909—2005	能量系统㶲分析技术导则
		GB/T 14951—2007	汽车节油技术评定方法
		GB/T 15320—2001	节能产品评价导则
		GB/T 15587—2008	工业企业能源管理导则
		GB/T 17166—1997	企业能源审计技术通则
		GB/T 22336—2008	企业节能标准体系编制通则
		GB/T 2587—1981	热设备能量平衡通则
		GB/T 3484—1993	企业能量平衡通则
		GB/T 3485—1998	评价企业合理用电技术导则
		GB/T 3486—1993	评价企业合理用热技术导则
		GB/T 5623—2008	产品电耗定额制定和管理导则
		GB/Z 18718—2002	热处理节能技术导则

表 2-2 已发布的行业节能标准

所属体系	标准类别	标准编号	标准名称
节能基础标准	编码分类标准	DL 503—1992	电力工程设计代码
	术语标准	CJ/T 3085—1999	城镇燃气术语
		CJJ 55—1993	供热术语标准
		DL/T 1033.10—2006	电力行业词汇 第 10 部分：电力设备
		DL/T 1033.11—2006	电力行业词汇 第 11 部分：事故；保护；安全和可靠性
		DL/T 1033.1—2006	电力行业词汇 第 1 部分：动力工程
		DL/T 1033.12—2006	电力行业词汇 第 12 部分：电力市场
		DL/T 1033.2—2006	电力行业词汇 第 2 部分：电力系统
		DL/T 1033.3—2006	电力行业词汇 第 3 部分：发电厂、水力发电
		DL/T 1033.4—2006	电力行业词汇 第 4 部分：火力发电
		DL/T 1033.5—2006	电力行业词汇 第 5 部分：核能发电
		DL/T 1033.6—2006	电力行业词汇 第 6 部分：新能源发电
		DL/T 1033.7—2006	电力行业词汇 第 7 部分：输电系统
		DL/T 1033.8—2006	电力行业词汇 第 8 部分：供电和用电
		DL/T 1033.9—2006	电力行业词汇 第 9 部分：电网调度
		DL/T 701—1999	火力发电厂热工自动化术语
		DL/T 861—2004	电力可靠性基本名词术语
		DL/T 882—2004	火力发电厂金属专业名词术语
		DL/T 893—2004	电站汽轮机名词术语
		DL/T 958—2005	电力燃料名词术语
		EJ 622—1992	反应堆燃料元件术语
		JB/T 7249—1994	制冷设备术语
		JB/T 7551—1994	天然气分离与液化设备 术语
		JB/T 8185—1999	电站自动化装置 术语
		JB/T 8194—2001	内燃机电站名词术语
		JB/T 9082—1999	水电解制氢设备 术语
		JC/T 795—1989	建筑材料窑炉热平衡术语

续表 2-2

所属体系	标准类别	标准编号	标准名称
节能基础标准	术语标准	JJF 1013—1989	磁学计量常用名词术语及定义(试行)
		JJF 1023—1991	常用电学计量名词术语(试行)
		QJ 1563—1988	能源管理术语
		SY/T 5745—2008	采油采气工程词汇
		SY/T 6269—2004	石油企业常用节能节水词汇
	文字代号标准	CB 3545—1994	船舶电气平面图图形符号
		CB/T 3713—1995	船舶电气设备文字符号
		CB/T 3763—1996	生产设计用电气安装件图形符号
		CJ/T 3069—1997	城镇燃气计量单位和符号
		EJ/T 1050—1997	核仪器图形符号、文字代号和参数符号
		HB 6484—1990	飞机燃油系统原理图推荐符号
		HG/T 20686—1990	化工企业电力设计图形和文字符号统一规定
		HG/T 20686—1990 (编制说明)	化工企业电力设计图形和文字符号统一规定
		JB/T 2626—2004	电力系统继电器、保护及自动化装置常用电气技术的文字符号
		JB/T 2739—2008	工业机械电气图用图形符号
		JB/T 3305—1983	大中型水电机组自动化系统及元件系列型谱及符号
		JB/T 6478—1992	水轮机、泵水轮机和蓄能泵用符号
		JB/T 6524—2004	电力系统继电器、保护及自动化装置电气简图用图形符号
		JB/T 7965—1995	制冷用图形符号
		MT/T 570—1996	煤矿电气图专用图形符号
		QJ 2021—1990	电气图用开关图形符号
		SB/T 10354—2002	制冷系统和热泵-系统流程图和管路仪表图-绘图与符号
		SH/T 3072—1995	石油化工企业电气图图形和文字符号
		SJ 2715—1986	电子产品用字体和符号

续表 2-2

所属体系	标准类别	标准编号	标准名称
节能基础标准	文字代号标准	SJ/T 10224—1991	CAD 绘制电子产品图样用图形和符号库　标准结构件图形
		SJ/T 10385—1993	CAD 绘制电子产品图样用符号库
		SJ/T 10460—1993	太阳光伏能源系统图用图形符号
		SJ/T 10555—1994	电气用图形符号敏感元器件
		SJ/T 10734—1996	半导体集成电路文字符号　电参数文字符号
		TB/T 1398—2001	机车电气设备文字符号
		YBJ 64—1991	钢铁企业电信设计图形符号标准
节能技术标准	节能测试与检验标准	CB/T 3254.1—1994	船用柴油机台架试验　标准环境状况及功率燃油消耗和机油消耗的标定
		CJ/T 140—2001	供热管道保温结构散热损失测定与保温效果评定方法
		JC/T 731—1984	机械化水泥立窑热工测量方法
		JC/T 733—2007	水泥回转窑热平衡测定方法
		JGJ 132—2001	采暖居住建筑节能检验标准
		LY/T 1531—1999	东北内蒙古国有林区工业企业能量平衡测试通则
		QB/T 1630—1992	日用搪瓷烧成窑炉热平衡测试方法
		QC/T 76.6—1993	矿用自卸汽车试验方法　燃料消耗量试验
		SY/T 6381—1998	加热炉热工测定
		SY/T 6421—1999	设备及管道散热损失的测定
		TB/T 2537—1995	内燃机车热平衡性能试验方法
		TB/T 3167—2007	内燃机车台架试验方法　油水冷却装置性能及热平衡试验
	节能设备标准	CJ/T 200—2004	城镇供热预制直埋蒸汽保温管技术条件
		FZ/T 99006—1992	FX 系列纺织用高效率三相异步电动机技术条件(H90～225 mm)
		FZ/T 99008—1993	FXD 系列纺织用高效率多速三相异步电动机(H160～200 mm)
		HJ/T 230—2006	环境标志产品技术要求　节能灯

续表 2-2

所属体系	标准类别	标准编号	标准名称
节能技术标准	节能设备标准	JB/T 10318—2002	油浸式非晶合金铁心配电变压器技术参数和要求
		JB/T 10356—2002	流化床燃烧设备技术条件
		JB/T 10503—2005	空调与制冷用高效换热管
		JB/T 10686—2006	YX3 系列(IP55)高效率三相异步电动机　技术条件(机座号 80～355)
		JB/T 6503—1992	烟道式余热锅炉通用技术条件
		JB/T 6508—1992	氧气转炉余热锅炉技术条件
		JB/T 6694—1993	余热锅炉参数系列　回转式水泥窑余热锅炉
		JB/T 7090—1993	余热锅炉参数系列　氧气转炉余热锅炉
		JB/T 7118—2004	YVF2 系列(IP54)变频调速专用三相异步电动机　技术条件(机座号 80～315)
		JB/T 7676—1995	高炉煤气能量回收透平膨胀机
		JB/T 8953.3—1999	燃气-蒸汽联合循环设备采购　余热锅炉
		JB/T 9578—1998	稀土永磁同步发电机技术条件
		JG/T 149—2003	膨胀聚苯板薄抹灰外墙外保温系统
		JG/T 158—2004	胶粉聚苯颗粒外墙外保温系统
		JG/T 7—1999	延时节能照明开关通用技术条件
		JJG 2088—1990	脉冲激光能量计量器具检定系统
		JT/T 306—1997	汽车节能产品使用技术条件
		QJ 2310—1992	能源管理系统数据采集卡及填写规范
		ST/T 6382—1997	输油管道加热设备技术管理规定
		SY/T 0524—1993	热媒间接加热装置技术条件
		SY/T 5226—2005	CJT 系列抽油机节能拖动装置
		SY/T 6325—1997	输油输气管道电器设备技术管理规定
		SY/T 6636—2005	游梁式抽油机用电动机规范
	节能设计标准	CECS 150—2003	高效燃煤锅炉房设计规程
		CECS 222—2007	小区集中生活热水供应设计规程

续表 2-2

所属体系	标准类别	标准编号	标准名称
节能技术标准	节能设计标准	CECS 84—1996	太阳光伏电源系统安装工程设计规范
		CJJ 105—2005	城镇供热管网结构设计规范
		CJJ 105—2005（条文说明）	城镇供热管网结构设计规范
		CJJ 34—2002	城市热力网设计规范
		DL 5000—2000	火力发电厂设计技术规程
		DL 5000—2000（条文说明）	火力发电厂设计技术规程
		DL/T 5002—2005	地区电网调度自动化设计技术规程
		DL/T 5002—2005（条文说明）	地区电网调度自动化设计技术规程
		DL/T 5003—2005	电力系统调度自动化设计技术规程
		DL/T 5003—2005（条文说明）	电力系统调度自动化设计技术规程
		DL/T 5015—1996	水利水电工程动能设计规范
		DL/T 5015—1996（条文说明）	水利水电工程动能设计规范
		DL/T 5137—2001	电测量及电能计量装置设计技术规程
		DL/T 5137—2001（条文说明）	电测量及电能计量装置设计技术规程
		DL/T 5153—2002	火力发电厂厂用电设计技术规定
		DL/T 5153—2002（条文说明）	火力发电厂厂用电设计技术规定
		DL/T 5202—2004	电能量计量系统设计技术规程
		DL/T 738—2000	农村电网节电技术规程
		HG/T 20526—1992	橡胶厂节能设计技术规定
		HG/T 20704.8—2000	机泵专业机泵预计能量消耗汇总表的编制说明
		HGJ 2—1986	电石节能设计技术规定
		HGJ 3—1986	合成氨节能设计技术规定
		HGJ 4—1986	纯碱节能设计技术规定
		HGJ 5—1986	烧碱节能设计技术规定

续表 2-2

所属体系	标准类别	标准编号	标准名称
节能技术标准	节能设计标准	JB/T 7603—1994	烟道式余热锅炉设计导则
		JBJ 14—2004	机械行业节能设计规范
		JBJ 15—1987	电工行业节能设计技术规定
		JBJ 17—1988	农机行业节能设计技术规定
		JBJ 19—1989	工程机械、标准通用行业节能设计技术规定
		JBJ 20—1990	通用机械节能设计技术规定
		JGJ 144—2004	外墙外保温工程技术规程
		NY/T 465—2001	户用农村能源生态工程南方模式设计施工和使用规范
		NY/T 466—2001	户用农村能源生态工程北方模式设计施工和使用规范
		SDGJ 56—1983	火力发电厂和变电所照明设计技术规定
		SH/T 3002—2000	石油库节能设计导则
		SH/T 3003—2000	石油化工合理利用能源设计导则
		SY/T 0306—1996	滩海石油工程热工采暖技术规范
		SY/T 4092—1995	滩海石油工程保温技术规范
		SY/T 6331—2007	气田地面工程设计节能技术规范
		SY/T 6393—2008	输油管道工程设计节能技术规范
		SY/T 6420—2008	油田地面工程设计节能技术规范
		SY/T 6638—2005	天然气长输管道和地下储气库工程设计节能技术规范
		YB 9051—1998	钢铁企业设计节能技术规定
		YB 9071—1992	余热利用设备设计管理规定
		YBJ 51—1998	钢铁企业设计节能技术规定
		YBJ 53—1987	余热利用设备设计技术暂行规定
	节能施工与安装标准	DL/T 825—2002	电能计量装置安装接线规则
		GBJ 126—1989	工业设备及管道绝热工程施工及验收规范
节能管理标准	产品和设备能效标准	JBn 3806—1984	重型载货汽车　燃料消耗量限值
		JT 711—2008	营运客车燃料消耗量限值及测量方法

续表 2-2

所属体系	标准类别	标准编号	标准名称
节能管理标准	产品和设备能效标准	JT 719—2008	营运货车燃料消耗量限值及测量方法
	节能计算标准	EJ/T 592—1991	三碳酸铀酰铵产品综合能耗计算方法
		EJ/T 739—1992	铀矿石产品综合能耗计算方法
		FZ/T 01002—1991	印染企业综合能耗计算导则
		HG 29803—1991	黄磷产品综合能耗和节约量的计算方法
		HG 29805—1991	碳酸钠产品综合能耗计算方法
		HG 29807—1991	炭黑产品综合能耗计算方法
		JB/T 6053—2004	钢质锻件热锻工艺燃料消耗定额计算方法
		JC/T 428—2007	砖瓦工业隧道窑热平衡、热效率测定与计算方法
		JC/T 488—1992	玻璃池窑热平衡测定与计算方法
		JC/T 544—1994	玻璃纤维拉丝炉热平衡测定与计算方法
		JC/T 546—1994	矿物棉能量平衡通则
		JC/T 617—1996	纤维玻璃室热平衡测定与计算方法
		JC/T 730—2007	水泥回转窑热平衡、热效率、综合能耗计算方法
		JC/T 763—2005	陶瓷工业隧道窑热平衡热效率测定与计算方法
		JC/T 791 COR—1985	轮窑热平衡　热效率测定与计算方法勘误
		JC/T 791—2007	轮窑热平衡、热效率测定与计算方法
		JC/T 792—2007	隧道式砖瓦干燥室热平衡、热效率测定与计算方法
		JT/T 340—1995	船舶柴油机动力装置能量平衡计算方法
		LY/T 1062—2006	锯材生产综合能耗
		LY/T 1114—1993	松香生产综合能耗
		LY/T 1150—1994	栲胶生产综合能耗
		LY/T 1451—1999	湿法硬质纤维板生产综合能耗

续表 2-2

所属体系	标准类别	标准编号	标准名称
节能管理标准	节能计算标准	LY/T 1529—1999	胶合板生产综合能耗
		LY/T 1530—1999	刨花板生产综合能耗
		LY/T 1703—2007	实木地板　生产综合能耗
		QB/T 1022—1991	制浆造纸企业综合能耗计算细则
		QB/T 1309—1991	乳粉能源消耗分级规定及计算方法
		QB/T 1310—1991	甘蔗制糖工业企业综合能耗标准和计算方法
		QB/T 1493—1992	日用陶瓷火焰隧道窑热平衡、热效率　测定与计算方法
		QB/T 1927.10—1993	CEH 三段漂白系统能量平衡及热效率计算方法
		QB/T 1927.11—1993	胶料制备系统能量平衡及热效率计算方法
		QB/T 1927.1—1993	制浆造纸企业设备能量平衡计算方法通则
		QB/T 1927.12—1993	造纸机能量平衡及热效率计算方法
		QB/T 1927.13—1993	多效蒸发装置能量平衡及热效率计算方法
		QB/T 1927.14—1993	碱回收炉能量平衡及热效率计算方法
		QB/T 1927.15—1993	苛化设备能量平衡及热效率计算方法
		QB/T 1927.16—1993	石灰转窑能量平衡及热效率计算方法
		QB/T 1927.2—1993	酸法蒸煮锅能量平衡及热效率计算方法
		QB/T 1927.3—1993	碱法蒸煮锅能量平衡及热效率计算方法
		QB/T 1927.4—1993	蒸球能量平衡及热效率计算方法
		QB/T 1927.5—1993	连续蒸煮器能量平衡及热效率计算方法
		QB/T 1927.6—1993	磺化化学机械浆(SCMP)系统能量平衡及热效率计算方法
		QB/T 1927.7—1993	废纸处理系统能量平衡及热效率计算方法

续表 2-2

所属体系	标准类别	标准编号	标准名称
节能管理标准	节能计算标准	QB/T 1927.8—1993	漂白塔能量平衡及热效率计算方法
		QB/T 1927.9—1993	漂白池能量平衡及热效率计算方法
		QB/T 2129—1995	日用陶瓷工业间歇式窑炉热平衡、热效率测定与计算方法
		QB/T 2130—1995	日用陶瓷彩烤辊道窑热平衡、热效率测定与计算方法
		QB/T 2131—1995	日用陶瓷链式干燥器热平衡、热效率测定与计算方法
		QJ 1565—1988	能源消耗与节约计算通则
		SC/T 3007—1985	海藻工业产品单位综合能耗
		SH/T 3110—2001	石油化工设计能量消耗计算方法
		SH/T 3117—2000	炼油厂设计热力工质消耗量计算方法
		SL 173—1996	小水电网电能损耗计算导则
		SL 173—1996 (条文说明)	小水电网电能损耗计算导则
		SY/T 5264—2006	油田生产系统能耗测试和计算方法
		SY/T 5268—2006	油气田电网线损率测试和计算方法
		SY/T 6066—2003	原油长输管道系统能耗测试和计算方法
		SY/T 6637—2005	输气管道系统能耗测试和计算方法
		TB/T 2217—1991	内燃机车燃油消耗率平均值的计算
		XB/T 801—1993	稀土冶炼产品能耗
		YS/T 101—2002	铜冶炼企业产品能耗
		YS/T 102.1—2003	铅、锌冶炼企业产品能耗 第一部分:铅冶炼企业产品能耗
		YS/T 102.2—2003	铅、锌冶炼企业产品能耗 第二部分:锌冶炼企业产品能耗
		YS/T 103—2008	铝土矿生产能源消耗
		YS/T 105.1—2004	锡、锑冶炼企业产品能耗 第1部分:锡冶炼企业产品能耗
		YS/T 105.2—2004	锡、锑冶炼企业产品能耗 第2部分:锑冶炼企业产品能耗

续表 2-2

所属体系	标准类别	标准编号	标准名称
节能管理标准	节能计算标准	YS/T 119.10—2005	氧化铝生产专用设备　热平衡测定与计算方法　第 10 部分:板式降膜蒸发器系统
		YS/T 119.11—2005	氧化铝生产专用设备　热平衡测定与计算方法　第 11 部分:单套管预热-高压釜溶出系统
		YS/T 119.1—2008	氧化铝生产专用设备热平衡测定与计算方法　第 1 部分:熟料回转窑系统
		YS/T 119.3—2008	氧化铝生产专用设备热平衡测定与计算方法　第 3 部分:竖式石灰炉
		YS/T 119.4—2008	氧化铝生产专用设备热平衡测定与计算方法　第 4 部分:高压溶出系统
		YS/T 119.5—2008	氧化铝生产专用设备热平衡测定与计算方法　第 5 部分:蒸发器
		YS/T 119.6—2008	氧化铝生产专用设备热平衡测定与计算方法　第 6 部分:脱硅系统
		YS/T 119.7—2004	氧化铝生产专用设备热平衡测定与计算方法　第 7 部分:管道化溶出系统
		YS/T 119.8—2005	氧化铝生产专用设备　热平衡测定与计算方法　第 8 部分:气态悬浮焙烧系统
		YS/T 119.9—2005	氧化铝生产专用设备　热平衡测定与计算方法　第 9 部分:流态化焙烧炉系统
		YS/T 480—2005	铝电解槽能量平衡测试与计算方法　四点进电和两点进电预焙阳极铝电解槽
		YS/T 481—2005	铝电解槽能量平衡测试与计算方法　五点进电和六点进电预焙阳极铝电解槽
		YS/T 663—2007	电解铝生产专用设备　热平衡测定与计算方法　铝液保持炉

续表 2-2

所属体系	标准类别	标准编号	标准名称
节能管理标准	节能计算标准	YS/T 664—2007	铝用炭素生产专用设备　热平衡测定与计算方法　热媒炉
	节能监测标准	HB 7505—1997	空气循环电炉的节能监测
		HB 7506—1997	硝盐槽的节能监测
		HB 7604—1997	航空发动机高空模拟试车台的节能监测
		HB 7605—1998	航空发动机地面试车台的节能监测
		LY/T 1286—1998	刨花干燥机节能监测方法
		LY/T 1287—1998	人造板热压节能监测方法
		MT/T 1000—2006	煤矿在用工业锅炉节能监测方法和判定规则
		MT/T 1001—2006	煤矿在用提升机节能监测方法和判定规则
		MT/T 1002—2006	煤矿在用主排水系统节能监测方法和判定规则
		SY/T 6275—2007	油田生产系统节能监测规范
	经济运行标准	JB/T 10354—2002	工业锅炉运行规程
		SY/T 6373—2008	油气田电网经济运行规范
		SY/T 6374—2008	机械采油系统经济运行规范
		SY/T 6567—2003	天然气输送管道系统节能经济运行规范
		SY/T 6569—2003	油田注水系统经济运行
		SY/T 6723—2008	原油输送管道经济运行规范
		YY/T 0248—1996	药用玻璃窑炉经济运行管理规范
	能耗限额标准	JB/T 50151—1999	炼钢电弧炉炉座能耗分等(内部使用)
		JB/T 50152—1999	炼钢平炉能耗分等(内部使用)
		JB/T 50153—1999	锻造加热炉能耗分等(内部使用)
		JB/T 50154—1999	热处理炉能耗分等(内部使用)
		JB/T 50155—1999	冲天炉能耗分等(内部使用)
		JB/T 50156—1999	电瓷焙烧窑炉能耗分等(内部使用)
		JB/T 50157—1999	棕刚玉冶炼电炉能耗分等(内部使用)

续表 2-2

所属体系	标准类别	标准编号	标准名称
节能管理标准	能耗限额标准	JB/T 50158—1999	工业锅炉房能耗分等(内部使用)
		JB/T 50159—1999	压缩空气站能耗分等(内部使用)
		JB/T 50160—1999	氧气站能耗分等
		JB/T 50161—1999	发生炉煤气站能耗分等(内部使用)
		JB/T 50162—1999	热处理箱式、台车式电阻炉能耗分等(内部使用)
		JB/T 50163—1999	热处理井式电阻炉能耗分等(内部使用)
		JB/T 50164—1999	热处理电热浴炉能耗分等(内部使用)
		JB/T 50165—1999	感应熔铜炉能耗分等(内部使用)
		JB/T 50166—1999	感应熔铝炉能耗分等(内部使用)
		JB/T 50167—1999	熔铜燃料炉能耗分等(内部使用)
		JB/T 50168—1999	熔铝燃料炉能耗分等(内部使用)
		JB/T 50169—1999	碳化硅冶炼电炉能耗分等(内部使用)
		JB/T 50170—1999	白刚玉冶炼电炉能耗分等(内部使用)
		JB/T 50171—1999	陶瓷磨具烧成窑能耗分等(内部使用)
		JB/T 50172—1999	树脂磨具硬化炉能耗分等(内部使用)
		JB/T 50173—1999	火花塞窑炉能耗分等(内部使用)
		JB/T 50174—1999	电镀工序能耗分等(内部使用)
		JB/T 50175—1999	电碳焙烧窑和石墨化炉能耗分等(内部使用)
		JB/T 50176—1999	绝缘材料制品加热工序能耗分等(内部使用)
		JB/T 50178—1999	电力电容器真空浸渍工序能耗分等(内部使用)
		JB/T 50179—1999	木材蒸汽干燥室能耗分等(内部使用)
		JB/T 50180—1999	蒸-空锻锤车间锤群能耗分等(内部使用)

续表 2-2

所属体系	标准类别	标准编号	标准名称
节能管理标准	能耗限额标准	JB/T 50182—1999	箱式多用热处理炉能耗分等(内部使用)
		JB/T 50183—1999	传送式、震底式、推送式、滚筒式热处理连续电阻炉能耗分等(内部使用)
		JB/T 50184—1999	砂型干燥炉能耗分等(内部使用)
		JB/T 5616—1991	推板式电子陶瓷隧道窑　能耗分等
		JB/T 5617—1991	推板式充氮隧道窑　能耗分等
		JB/T 5618—1991	钟罩窑　能耗分等
		JB/T 5619—1991	电子陶瓷间歇窑　能耗分等
		JB/T 5620—1991	显像管玻璃池炉　能耗分等
		JB/T 5621—1991	玻璃坩埚预热炉　能耗分等
		JB/T 5622—1991	玻璃坩埚炉　能耗分等
		JB/T 5623—1991	电真空器件氢气炉　能耗分等
		JB/T 5624—1991	电真空器件真空炉　能耗分等
		JB/T 5625—1991	黑白显像管玻璃退火炉　能耗分等
		JB/T 5626—1991	显像管焙烧炉　能耗分等
		JB/T 5627—1991	显像管排气炉　能耗分等
		JB/T 5628—1991	显像管电子枪金属零件烧氢炉　能耗分等
		JB/T 5629—1991	半导体器件烧结炉　能耗分等
		JB/T 5630—1991	半导体器件扩散炉　能耗分等
		JB/T 5631—1991	半导体器件外延炉　能耗标准
		JB/T 5632—1991	碳膜电阻渗碳炉　能耗分等
		JB/T 5633—1991	单晶炉　能耗分等
		JB/T 5634—1991	传送式烧银炉　能耗分等
		JB/T 5635—1991	电子元件真空电阻炉　能耗分等
		JB/T 5636—1991	光学玻璃软化加热炉　能耗分等
		JB/T 5637—1991	光学玻璃毛坯退火炉　能耗分等
		JB/T 5638—1991	光学玻璃池炉　能耗分等
		JB/T 5639—1991	陶瓷坩埚焙烧炉　能耗分等

续表 2-2

所属体系	标准类别	标准编号	标准名称
节能管理标准	能耗限额标准	JB/T 5640—1991	光学玻璃陶瓷坩埚熔炼炉　能耗分等
		JB/T 5641—1991	粘土焙烧炉　能耗分等
		JB/T 5642—1991	弹体及药筒烤口感应加热装置　能耗分等
		JB/T 5643—1991	弹体及药筒冲压感应加热装置　能耗分等
		JB/T 5644—1991	推杆式热处理电阻炉　能耗分等
		JB/T 5645—1991	推杆式热处理燃料炉　能耗分等
		JB/T 5646—1991	硫酸浓缩装置　能耗分等
		JB/T 5647—1991	TNT 废水焚烧炉　能耗分等
		JB/T 5648—1991	精制棉烘干炉　能耗分等
		JB/T 5649—1991	单基发射药溶剂回收、分馏装置　能耗分等
		JB/T 5650—1991	弹体及药筒热处理箱式、台车式电阻炉　能耗分等
		JB/T 5651—1991	弹体及药筒热处理井式电阻炉　能耗分等
		JB/T 5652—1991	弹体及药筒热处理电热浴炉　能耗分等
		JB/T 5653—1991	热处理电热铅浴炉　能耗分等
		JB/T 5654—1991	坩埚式熔铝电阻炉　能耗分等
		JB/T 5655—1991	熔铅、铅锑合金电阻炉　能耗分等
		JB/T 5656—1991	光学玻璃电热熔炼炉　能耗分等
		JB/T 5690—1991	拉丝接触加热装置　能耗分等
		JB/T 5691—1991	钻头轧制感应加热装置　能耗分等
		JB/T 5692—1991	电焊条烘干炉　能耗分等
		JB/T 5693—1991	硅碳棒烧结炉　能耗分等
		JB/T 5694—1991	硅碳棒素烧窑　能耗分等
		JB/T 5695—1991	棒料兰切加热炉　能耗分等
		JB/T 5696—1991	陶瓷粉料喷雾干燥装置　能耗分等
		JB/T 5697—1991	电瓷坯件干燥室　能耗分等
		JB/T 5698—1991	铁合金预热炉　能耗分等

续表 2-2

所属体系	标准类别	标准编号	标准名称
节能管理标准	能耗限额标准	JB/T 5699—1991	电渣炉　能耗分等
		JB/T 5700—1991	非磨削用碳化硅冶炼电炉　能耗分等
		JB/T 5701—1991	辊底式热处理炉　能耗分等
		JB/T 5702—1991	陶瓷磨具干燥窑　能耗分等
		JB/T 5703—1991	油浸式电力变压器干燥装置　能耗分等
		JB/T 5704—1991	罩式热处理炉　能耗分等
		JB/T 5705—1991	铝材软化退火电阻加热炉　能耗分等
		JB/T 5706—1991	铜材软化退火电阻加热炉　能耗分等
		JB/T 5707—1991	漆包线烘干炉　能耗分等
		JB/T 5708—1991	电机电器浸漆烘干装置　能耗分等
		JB/T 5709—1991	升降式电阻炉　能耗分等
		JB/T 5710—1991	铸铁件焊补加热炉　能耗分等
		JB/T 5711—1991	钢板热成型加热炉　能耗分等
		JB/T 5712—1991	钢材(坯)中频感应透热装置　能耗分等
		JB/T 5713—1991	工频无芯感应熔铁炉　能耗分等
		JB/T 5714—1991	钢包精炼炉　能耗分等
		JB/T 5715—1991	粉末冶金烧结炉　能耗分等
		JB/T 5716—1991	焊接件退火炉　能耗分等
		JB/T 5717—1991	耐火纤维熔融成纤装置　能耗分等
		JB/T 5718—1991	涂漆蒸汽烘干室　能耗分等
		JC 431—1991	铸石能耗等级定额
		JC 521—1993	玻璃球能耗等级定额
		JC 522—1993	岩棉能耗等级定额
		JC 523—1993	纸面石膏板能耗等级定额
		JC 524—1993	石墨产品能耗等级定额
		JC 569—1994	玻璃马赛克能耗等级定额
		JC 570—1994	玻璃纤维能耗等级定额

续表 2-2

所属体系	标准类别	标准编号	标准名称
节能管理标准	能耗限额标准	JC 571—1994	油毡能耗等级定额
		JC/T 710—1990	水泥制品能耗等级定额
		JC/T 712—1990	建筑卫生陶瓷能耗等级额定
		JC/T 713—2007	烧结砖瓦能耗等级定额
		QB/T 1037—1991	普通照明光源生产能耗定额
		SY/T 6472—2000	油田生产主要能耗定额的分类编制方法
	能源计量标准	DL/T 448—2000	电能计量装置技术管理规程
		DL/T 719—2000	远动设备及系统　第5部分:传输规约　第102篇:电力系统电能累计量传输配套标准
		JT/T 12—2004	运输船舶油耗计量仪表配备技术要求
	能源统计标准	QJ 1564—1988	能耗数据采集通则
	综合评价标准	DL/T 1052—2007	节能技术监督导则
		DL/T 606.1—1996	火力发电厂能量平衡导则总则
		DL/T 606.2—1996	火力发电厂燃料平衡导则
		DL/T 606.3—2006	火力发电厂能量平衡导则　第3部分:热平衡
		DL/T 606.4—1996	火力发电厂电能平衡导则
		DL/T 686—1999	电力网电能损耗计算导则
		DL/T 985—2005	配电变压器能效技术经济评价导则
		JC/T 545—1994	玻璃纤维工厂能量平衡通则
		JT/T 239—1995	船舶能量平衡通则
		QX/T 89—2008	太阳能资源评估方法
		SH/T 0757—2005	内燃机油节能性能评定法(程序Ⅵ法)
		SY/T 6375—2008	石油企业能源综合利用技术导则
		SY/T 6473—2000	石油企业节能技措项目经济效益评价方法
		YY/T 0150—1993	医药工业企业能量平衡规则
		YY/T 0151—1993	医药工业企业能量平衡验收通则
		YY/T 0152—1993	医药工业企业能量审计通则

三、节能标准化发展趋势

1. 国家高度重视资源节约及其标准化工作

2004年中共中央、国务院召开的中央经济工作会议特别指出:“节约能源、资源是优化经济结构的重要目标。必须坚决扭转高消耗、高污染、低产出的状况,全面转变经济增长方式。要坚持开发与节约并举,把节约放在首位,大力发展循环经济,逐步构建节约型的产业结构和消费结构,走出一条具有中国特色的节约型发展道路”。

胡锦涛总书记在2005年6月27日中共中央政治局第二十三次集体学习中强调要下更大的气力抓好八项节约能源资源的工作,其中有两项是关于标准的:一项是“实行能源资源效率和最低技术水平准入标准,实施高消耗落后技术、工艺和产品的强制性淘汰制度”;另一项是要“建立健全节约能源资源的标准体系,制定和实施强制性标准,推动生产、建筑、交通等方面的节约能源资源工作”。

温家宝总理在2005年6月30日国务院召开的全国做好建设节约型社会近期重点工作电视电话会议上强调:要“制定更加严格的节能、节材、节水、节地等国家标准,建立高耗能、高耗材、高耗水的落后工艺、技术和设备强制淘汰制度”。

2005年7月6日,国务院发出《关于做好建设节约型社会近期重点工作的通知》(国发[2005]21号),强调了近期建设资源节约型社会的工作重点,并明确要求编制《2005～2007年资源节约与综合利用标准发展规划》。

党的十六届五中全会通过的《中共中央关于制定国民经济和社会发展第十一个五年规划的建议》和十届全国人大第四次会议批准的《中华人民共和国国民经济和社会发展第十一个五年规划纲要》将节约资源作为基本国策,明确指出:要“加快建设资源节约型、环境友好型社会”,“大力发展循环经济”,坚持开发节约并重、节约优先,按照减量化、再利用、资源化的原则,大力推进节能节水节地节材,加强资源综合利用,完善再生资源回收利用体系,加大环境保护力度,全面推行清洁生产,形成低投入、低消耗、低排放和高效率的节约型增长方式。

2006年8月8日,国务院发出《关于加强节能工作的决定》(国发[2006]28号),2007年5月,国务院发出《国务院节能减排综合性工作方案》(国发[2007]15号),都特别强调要加强节能标准的研制,组织制定强制性的能效标准。

资源节约及其标准化工作得到了党和政府前所未有的高度重视,这就为节能标准化工作提供了强有力的支持。

2. 节能标准化工作处于前所未有的战略发展机遇

21世纪以来,中国经济高速发展,国家付出了巨大的资源、环境与生产安全代价。为扭转这种局面,2004年初,中国政府确立了新的科学发展观。

坚持以人为本,全面、协调、可持续的发展观,是党和国家领导人从新世纪新阶段党和国家各项事业发展全局出发提出的重大战略思想。坚持可持续发展,就是要促进人与自然的和谐,实现经济发展和人口、资源、环境相协调,坚持走生产发展、生活富裕、生态良好的文明发展道路,保证一代接一代地永续发展。就是要处理好经济建设、人口增长与资源利用、生态环境保护的关系。建设资源节约型和生态保护型社会。

2004年～2007年能源供应的持续紧张,能源价格的不断上涨,已经影响到千家万户的直接利益。能源环境与能源安全问题已经直接影响到国家和地区经济社会的和谐发展。这种形势已使"建立资源节约型社会","建立资源节约型产业","提倡资源节约型生活方式"等观念深入人心。

在科学发展观指导下制定的《国家节能中长期专项规划》,提出了正确的节能指导思想与原则,这些原则对发展节能标准化具有重要指导意义。

3. 全球高度关注环境保护与气候变化问题

全球对环境保护与气候变化的高度关注,将有利于节能标准化的快速发展。全球环境基金对中国的节能环保事业将给予持续的支持;高效节能产品国际市场的扩大,使中国已经有一批企业和产品走向了国际市场;国家对科技创新能力要求提高,环保要求提高,支持力度不断增加,使企业节能技术进步步伐明显加快,节能技术与节能产品不断出现,已经形成一个节能产业,需要系统节能标准的支撑。

中国对国际环境公约的承诺,如《21 世纪议程》、《里约热内卢宣言》、《京都议定书》以及国际清洁生产机制的推进,也要求加强节能标准化工作,不断提高节能标准的水平,促进能源效率的提高。

4. 节能技术进步和节能标准化组织逐步完善

近年来,作为中国技术开发和技术改造的重点,在企业技术创新、新产品开发中都加大了对节能降耗的支持力度,很多节能技术取得了重大突破并在相关行业得到推广,尤其是随着中国成为世界家电生产的大国,家电和机电行业的节能技术也有了长足的进步,大量新技术的出现及其产业化为节能标准化工作奠定了坚实的基础。各行业节能标准化工作的组织和机构不断完善和加强,标准的技术水平和标准化工作人员的业务素质也在不断提高,为中国节能标准化工作的深入开展提供了必要的保障,必将有力地推动节能标准化的发展。

第五节　国外节能标准概况

节能标准是各国采用行政手段推行节能工作的重要技术支撑,得到了政府、行业协会、公共机构与企业的广泛关注。应该看到,由于国外与国内标准化发展和管理模式的不同,国外的节能标准化活动除了以技术标准的形式存在外,还往往表现为法律法规、行业协议、技术指南、实施手册等不同的形式,而且其制定和推广单位也各不相同。

根据国际能源理事会(WEC)的研究,国际上常见的节能行政手段包括能效标准和标识,强制性能源审计,强制性能源管理等。本节将结合以上的行政措施,对重要的国际节能标准化活动进行介绍。

一、能效标准与标识

国际节能标准化活动中最重要的内容是能效标准和标识工作。1962 年,波兰第一次在工业电器领域实施了现代意义的最低能效标准。此后法国、前苏联等国也陆续发布了一些能效标准。但由于标准本身的缺陷以及实施力度不够,这些标准都没能很好地发挥应有的作用。最早产生巨大影响并显著降低能耗的能效标准是 1976 年美国加利福尼亚州发布的能效标准。之后,世界各国纷纷将能效标准作为重要的节能政策工具。据不完全统计，目前采用强制性能效标准的国家已超过 55 个。大多数能效标准（如北美）都是强制性的最低能源性能标准。此外，还有一些国家（如日本、巴西和瑞士）则是通过自愿性或目标性协议来推动能效标准的应用，当制造商没有遵守自愿性标准时有关机构可以用强制性标准代替自愿协议。

能效标识的产生与发展和能效标准的发展历程紧密相关。1976 年法国第一次对多种终端用能产品实施了强制性的能效标识。此后，日本、加拿大、美国、澳大利亚等国均在本国内实施了能效标识制度。根据国际能源理事会研究，当前已实施能效标识的国家也已超过 50 个。

20 世纪 70 年代第一次能源危机以后，美国颁布了 1975 年《能源政策法》、1978 年《国家能源政策法》、1987 年《国家设备能源法》等一系列法律法规，确立了能效标准和标识的合法地位，并先后实施了强制性能效标准、标识和自愿性认证（即“能源之星”）制度。美国的能效标准由能源部负责制定和实施，第一批强制性能效标准从 1990 年 1 月起正式生效。美国强制性的能效标识是由联邦贸易委员会于 1980 年开始组织实施，并由美国国家电力公司向购买节能产品的用户提供补贴。节能自愿性标识则是由美国环保局于 1992 年开始组织实施。1993 年 4 月，当时的克林顿总统签署总统令，规定所有联邦机构的政府采购必须是具有“能源之星”标识的产品。“能源之星”标识制度获得了极大成功，并成为许多国家的节能基准。

日本从 1979 年开始实施的《节约能源法》对能耗标准做出了奖惩分明的严格规定。对于节能达标的单位，政府在一定期限内给予减免税的优惠；而对于未达标者，政府会依法公布其单位名称，并处以罚款。日本《节约能源法》中还规定了“领跑者”这一成功的节能标准更新制度。在“领跑者”制度中，对汽车和电器产品（包括家用电器、办公自动化设备等），分别制定了不低于市场上已有商品最高效率的能效标准，5 年后这个标准就变成强制性标准。如果产品 5 年内没有达到这个标准，就不允许再投产。不按照标准生产的企业将受到劝告、公布企业名单和罚款等处理。世界能源理事会的研究表明，“领跑者”制度降低了技术经济分析工作的强度，有效地缩短了政府与生产商之间的沟通协调时间，提升了标准的更新效率。此外，从 2001 年 4 月开始，日本提高了空调、照明、通风、热水器、电梯等系统和设施的能源效率标准，并要求没有达标的系统必须提出改造计划。日本还与美国联合实施了办公设备的能效标识计划，覆盖了电脑、显示器、打印机、传真机等用能产品。达到美国能效标准的产品就可加贴“能源之星”标志，并获得两国的承认。

欧盟在推进能效标准和标识实施过程中，始终重视与各成员国政府加强立法协调，推动欧盟内部各成员国开展一致的能效标准和标识活动。根据欧盟的法律，成员国引入或修订任何产品的强制性能效标准必须获得欧盟委员会和国会的批准。到目前为止，欧盟委员会在 1992 年、1996 年和 2000 年发布了针对热水锅炉、家用冰箱（冰柜）和荧光灯镇流器 3 类产品的强制性能效要求指令。2005 年，欧盟颁布了用能产品生态设计框架指令（EuP 指令），历史性的提出了建立最低能效要求的框架指令。该框架指令并没有对产品提出具体的能效要求，但规定了相关能效要求设定的条件和办法以及不断提高能效要求的措施。围绕 EuP 指令的实施，欧盟已启动了冰箱冷冻设备、变压器、多媒体设备等产品能效要求的研究工作，并着手整理欧盟内部已有的标准化成果。尽管到目前为止欧盟范围内强制性最低能效标准并不常见，但一些自愿性标准或协议获得了很大的成功。这些协议一般是由欧盟委员会与生产商协会共同协商一致形成的。例如，欧盟与欧洲家电生产商联盟(CECED)及欧洲消费品制造商协会(EACEM)进行了协商，使洗衣机等6种产品达到了能效目标。从本质上说，欧盟的相关工作是设定了平均能耗减少的总体目标，而不是单个设备的最低强制标准。例如，1997年的洗衣机协议设定的目标是平均能耗减少20%，该项目在生产商的大力支持下顺利实现了目标。

在欧盟标识项目制定前，许多欧盟国家已经在执行或开发相应的能效标识项目。1992年，欧共体发布了家用电器指导性能效标识指令(92/75/EEC)。该指令许可各成员国颁布强制性的家用电器能效标识，开始推广整个欧盟范围内统一的强制性能效标识。虽然欧盟委员会发布了框架指令，但各个国家仍需通过国内立法执行该项目。各成员国还需负责执行标识工作的所有内容，包括一致性、标识精确性、教育性及推广性活动。产品供应商则需要提供该产品符合能效的证明，并且负责提供适宜语言的标识及手册。此外，对标识的要求同样适用于出租的产品。欧盟能效标识上标明了产品或设备的能耗信息及该设备的能效等级。当前，欧盟能效标识已覆盖了电冰箱、洗衣机、热水器等产品。欧盟能效标识项目实现了高效产品市场份额的快速增长，是能效标识实施过程中最为成功的案例。

为便于生产商和政府部门推广采用，澳大利亚能效标准集成了能效测试方法、能效指标、能效标识办法以及最小能效要求等内容。1999年，澳大利亚开始对冰箱、冰柜和电热水器实施强制性的最低能效要求，并逐步扩展到了三相电机等12种产品。澳大利亚还计划逐步对外部电源、机顶盒、电视机等8种终端用能产品实施强制性最低能效要求。澳大利亚的强制性的能效标识计划是从1992年起实施的，标识对象覆盖了冰箱、冰柜、空调、洗碗机、洗衣机、烘干机等产品。1998年起澳大利亚政府进一步完善了能效标识制度，更新了能效规则和能效标准，2000年9月又启用了新的能效标志。根据2001年的统计，澳大利亚消费者对能效标识的认同率高达80%，高效家电产品的销售量显著增加。

发达国家在能效标准和标识方面的成功经验，使能效标准和标识在世界各国得到广泛采用。根据调研结果，目前除非洲、中东、俄罗斯的一些国家外，绝大多数国家都开发或采用了一种能效标准或能效标识。同时国际性的能效标准和标识协调一致工作也已提上议事日程。在可预计的将来，能效标准和标识将是国际节能标准化工作的主要组成部分。

二、其他重要的节能标准化活动

1. 节能效益验证与测试协议

20世纪70年代末以来，合同能源管理、节能自愿性协议等市场化节能新机制在美国、欧洲等市场经济发达国家得到了广泛的应用。随着节能新机制的成功，发达国家和发展中国家都意识到能源消耗造成的财务、健康和环境成本，能够使节能投资成为极具效益的市场机会。全世界每年在节能及节水等方面可获得的具有成本效益的投资据估计超过数百亿美元。

为通过标准化方法对节能效益的检测、评估、验证等重要环节进行规范，进一步推动节能服务机制的广泛开展，美国能源部于1994年开始和工业界联手开发一个共同的有关测量和认证能效投资的标准化方法，以克服当时能效项目面临的各种障碍。经过数百名业界专家组成的技术委员会的研究，《国际节能效果测试和验证协议》(IPMVP，有时也称为测量和认证规程 MVP)于 1996 年首次出版。此后，来自 10 多个国家的 20 多个机构联合工作，对第一版协议进行审查、扩充，于 1997 年 12 月出版了新版协议。第 2 版的国际节能效果测试和验证协议获得了广泛的国际认可，目前已成为欧盟、日本、澳大利亚、巴西、罗马尼亚等地区和国家标准的测量和验证文件，引用该协议已经成为北美、日本、欧盟等地区和国家开发节能项目和节能效果担保合同的一个基本要求，IPMVP 已成为事实上的国际标准。

《国际能效测量和验证协议》(IPMVP)为确认能效、节水和可再生能源项目的实施效果提供了现有最佳技术的集合。该协议可以被设备运行人员用于评估及提高相关设备的使用性能，也可以帮助选择最适用的测量和验证(M&V)方案，并对项目成本和节能数量、详细的技术要求以及买卖双方之间的风险分摊进行了规定。应该说，该协议为节能承诺与节能服务合同奠定了必要的标准化基石，为各参与方建立了信任框架，成为市场广泛接受的技术标准。

2. 能源管理体系标准

ISO 9000 国际质量管理体系标准和 ISO 14000 国际环境管理体系标准的成功，促使工业化国家开始建立能源管理体系系列标准，以推动耗能单位能源管理水平的提高，系统性地提高能效水平。国际节能实践表明，通过管理水平提升带来的节能效果要远大于更新设备或采用新技术所带来的节能效果。而且标准化的能源管理体系可以将节能管理融入现有的工业管理体系，保证了企业节能管理的有效性。

20 世纪 90 年代后，在政府的大力推动下，发达国家耗能企业积极实施了各类能效提高项目。在相关能效项目实施过程中，企业需要开展能源审计、温室气体审计、可持续性发展报告、节能绩效评估、能效测量数据管理、能效管理流程、能效对标等一系列复杂的能源管理活动，对企业的管理实践和管理体系提出了很高的要求。很多国家开始建立并实施能源管理体系标准，规范全过程的企业能源管理活动，从而极大地提升了企业节能管理的系统性和科学性。当前已颁布能源管理体系标准的国家有丹麦(DS 627750:2001)、瑞典(SS 627750:2003)、爱尔兰(IS 393:2005)、美国(ANSI/MSE 2000:2005)等。欧洲标准化委员会(CEN)也已着手制定名为《能源管理体系要求与实施指南》的欧盟标准，并预计将于 2009 年年底前正式发布。国际标准化组织(ISO)于 2008 年 3 月成立了能源管理体系项目技术委员会，开始推动国际能源管理体系标准的制定工作。

实践表明，制定能源管理体系标准，推动企业实施能源管理体系，能够带来巨大的节能成果。根据联合国工业发展组织(UNIDO)的统计，实施能源管理体系标准后，3M 公司单位销售额能耗降低了 30%，陶氏化学公司的能源利用效率提高了 22%，相当于 40 亿美元的效益。能源管理体系还使丰田北美公司单位产量能耗降低了 23%，相当于节约 900 万美元。杜邦公司对 75 个项目实施了“6σ”能源管理体系标准，平均每个项目减少温室气体排放达到 68%。

3. 能源审计标准

能源审计是发达国家 20 世纪 70 年代末期开始推动的一种节能机制，主要内容是对用能单位能源使用效率、消耗水平和能源利用经济效果进行客观考察，并对用能物理过程和财务过程进行统计分析、检验测试、诊断评价，最终提出节能改造措施。当前，采用能源审计提高企业能源利用效率已成为发达国家企业的自觉行动，政府也在资金、技术等方面提供了大力支持。研究表明，近 20 年来，经济合作组织（OECD）国家的单位 GDP 能耗一直在不断下降，能源审计功不可没。此外，随着节能国际合作的广泛开展，已有许多发展中国家实施了能源审计，并取得良好效果。对 11 个国家实施效果的评估表明，通过能源审计，平均有 56%的节能措施得到采用。

澳大利亚政府从 20 世纪 90 年代初开始推动企业进行能源审计工作，政府对每个审计项目提供一半的审计费用资助。实施效果的调研表明，平均每个企业的节能量为其总能耗的 8%，并带来了总计 1.4 亿美元的直接经济效益。为了指导能源审计工作的规范有效实施，澳大利亚和新西兰于2000 年共同开发了能源审计标准（AS/NZS 3598:2000）。

欧盟在 2006 年发布了修订后的终端能效和节能服务欧盟指令（2006/32/EC），进一步明确提出能源审计在欧盟节能政策中的重要地位。从 20 世纪 90 年代初起，欧盟国家的能源审计工作发展迅速，一大批国家层面的能源审计项目开始实施，每个项目都实现了10%～15%不等的节能效益。欧盟分别于 1998 年和 2001 年开展了两阶段的研究工作，由芬兰和奥地利牵头实施，对能源审计实施指南的标准化工作进行了深入研究，并推动建立欧盟层面能源审计的标准程序。研究工作得到了 27 个欧盟国家的积极响应，成为指导欧盟各国开展能源审计工作的重要技术指南。

美国联邦及州政府积极开展中小企业的免费能源审计已有 20 多年的历史。此外，一些电力公司还为家庭和小型用户提供了免费的能源审计。通过实施能源审计，美国住宅的平均节能率达到 3%～5%，商业和工业用户平均节约用电 2%～8%。为了明确能源审计的工作内容，推动在国家层面上开展一致性的能源审计活动，美国的 RESNET 组织业内专家，历经 3 年制定了能源审计的国家标准。该标准通过了美国能源部、环保局等单位的审查，已于近期正式发布。值得注意的是，标准在起草过程中，超过 90%的业内专家认为应当制定统一的国家标准来规范相关的能源审计活动。

4. 启示

国际上蓬勃开展的节能标准化活动对我国有以下三点重要启示：一是节能标准化活动的重要地位必须得到法律法规的确立，通过法律法规赋予标准的强制性效力，往往能够较好实现标准的目的；二是节能标准化活动是一个系统工程，标准化工作应当对能源利用中的技术、管理等方面综合加以研究规范，并注意不断提高标准水平；三是，活跃的国际标准化活动促进了各种节能手段在各国的推广采用，是推动节能工作不断创新的重要机制。

在未来，节能标准化活动必将在节能工作中发挥更大的作用。尽管目前我国的节能标准化活动已取得一定进展，但在节能标准体系的管理实践和企业落实等方面还存在很多不足，推动企业积极建立符合自身能源利用特点并与国际通用模式结合的节能标准体系，对中国的节能降耗工作具有重要意义。

第三章 《企业节能标准体系编制通则》标准的编制

第一节 标准提出的背景

目前，我国耗能企业的节能工作中存在一定程度的盲目性，如：设备的节能改造主要依靠上级的安排和设备供应商的推销；不了解本企业的节能管理是否到位，是否存在节能盲点，是否存在节能工作的薄弱环节，等等。造成这种盲目性的主要原因是企业不能将国家、行业、地方节能目标及政策与企业的节能技术管理有效的结合起来；现有的节能工作尚未形成一个系统的、符合各级政府节能政策要求的企业节能管理体系。一些企业中，由于企业节能标准化缺失造成了节能工作无序的状况。

企业节能标准化的运行离不开节能标准体系，具有一个完整、合理的标准体系是企业节能工作纳入标准化管理的必要保障，而企业节能标准体系表是实施企业节能标准化的基础性文件。

为确保“十一五”规划节能目标的实现，落实新修订的《节能法》的贯彻实施，发挥标准化在企业节能工作的作用，在了解国外企业应用标准化进行节能管理先进经验的基础上，由国家标准化管理委员会提出，全国能源基础与管理标准化技术委员会（以下简称：全国能标委）归口、中国标准化研究院组织制定了 GB/T 22336—2008《企业节能标准体系编制通则》（以下简称：《通则》）国家标准，以帮助和指导企业建立并逐步完善节能标准管理体系。

第二节 标准编制的过程

一、邀请专家对标准编制的可行性进行研讨

为加强企业节能标准化工作，引导重点耗能企业建立节能标准体系，规范企业节能标准的制定，受国家标准化管理委员会的委托，中国标准化研究院于 2007 年 1 月 15 日邀请数位节能管理方面的专家对企业节能标准体系模式进行研讨，并对制定国家标准《通则》的重要性、研究内容、标准编写原则等问题进行了讨论。专家对该标准的重要性给予了充分的肯定，并对标准项目的实施提出了建设性建议。之后，根据国家标准化管理委员会的建议，成立了标准编写工作组。

二、国外相关资料收集分析

为借鉴日本、澳大利亚、美国等发达国家在企业节能标准化工作方面的成功经验，研

究建立符合我国国情的企业节能标准体系，国家标准化管理委员会组织相关单位对日本、澳大利亚、美国等企业节能标准化工作进行了深入考察。通过与各国政府节能管理部门、标准化机构、研究单位和企业等单位的交流，全面获得了企业能耗控制措施、企业节能标准方面的工作经验。

各国在节能实践中都非常重视企业节能标准化工作，特别是日本建立了一套比较完整的工业节能标准与政策体系。标准化制度是推动企业实行有效的节能管理，统筹用能、合理用能的有效手段。发达国家在推动企业节能管理的过程中，非常重视耗能企业节能标准体系的建立，指导企业在生产"能源流"的全过程和设备耗能关键点制定管理、计量和检测标准，实现节能的全过程标准化管理。例如日本针对工业企业出台了一系列节能法案，并在每个节能法案下有若干个配套标准，同时将企业的能源使用分为燃烧加热、制冷、生产用能、照明等若干个环节，明确指出在各用能环节上必须遵守的节能标准。我国在建立技术标准和管理标准框架的研究中借鉴了日本的按用能环节分类的方法，利用能源使用环节将节能标准分类，能够加强节能标准的针对性，同时也能够反映出节能标准是否覆盖了企业的各个用能环节，对完善企业标准化管理也能起到促进作用。

相关标准的制定和实施，对于提升各国重点耗能企业的管理水平，规范企业的节能工作，促使企业更自觉地控制能耗具有重要作用。因此，积极有效的国际交流，对于推动《企业节能标准体系编制通则》的制定，提高标准技术水平，具有重要的作用。

三、企业实地调研

为了掌握企业节能标准化的实际情况，标准编写工作组通过走访形式对重点耗能企业进行了现场调研和座谈，共走访了机械加工、钢铁、石化、电气制造、制药等行业的 10 家企业。通过调研和座谈，对企业在建立企业节能标准体系中需要哪些帮助、对企业节能标准的监督与管理有何建议、企业在国家节能标准化中应发挥怎样的作用等问题进行了深入的探讨。

四、信函调查

为了了解和掌握更多企业的实际情况，在国家标准化管理委员会的主持下，能标委于 2007 年 4 月向辽宁省、上海市、江苏省、浙江省、山东省、湖北省和广东省质量技术监督局下发了《关于开展企业节能标准体系现状调查的通知》和《企业节能标准体系现状调查表》，意在通过地方标准化管理部门组织对主要耗能企业节能标准体系进行问卷调查。问卷调查主要了解重点耗能企业的基本情况、企业生产工艺和能源流情况、企业节能工作及目标情况、企业标准化管理情况、企业节能标准收集和整理情况。此次调查共收到企业返回的有效调查表 89 份，加上在走访调查中收集的调查表，共计是 99 份。调查所涵盖的行业有采矿、发电、纺织、钢铁、机电、建材、粮油加工、有色金属、造纸、制药等。

五、调查数据分析

为了充分挖掘企业返回调查标准中的信息，标准编写工作组编制了"企业节能标准体系调查处理分析软件"，并用该软件对 99 个企业的数据进行了统计分析，调查和分析结果将在本章第三节中具体论述。

六、标准的起草

在以上调研、分析工作的基础上，标准编写工作组编写了《通则》草稿，并在小范围内对该草稿进行了讨论和修改。标准草稿中规定了企业节能标准体系的编写原则、编制的基本要求、企业节能标准体系的层次结构、企业节能标准体系的构成和企业节能标准体系表的编制格式等内容。

七、示范企业标准体系表的编制

为使该项标准能够符合企业的实际情况，提高标准的可操作性水平，标准编写工作组选定沈阳东北制药厂为试点单位。标准草稿完成后，标准编写工作组部分成员进厂对企业的机构设置、生产工艺流程、主要耗能设备、企业管理结构、企业能源管理结构、企业管理程序文件、企业管理职责分配、企业技术文件、企业标准文件、企业涉及的法律法规等进行了现场调查研究。

在调查资料的基础上，根据现有国家、行业、地方、企业节能标准，标准编写工作组编制了该企业的节能标准体系结构图和节能标准体系明细表。随后又将编好的节能标准体系表与企业节能主管部门核对，删减了若干个与企业无关的标准，增补了一些与该企业相关的标准，形成了企业节能标准体系案例。

八、专家研讨会

全国能源基础与管理标准化技术委员会(简称全国能标委)于 2007 年 9 月 24 日在北京召开了《通则》国家标准制定工作研讨会。全国能标委的部分委员、国家发改委能源所的能源管理专家，清华大学的教授，中国石油天然气集团公司和中国建材工业协会等行业的节能管理人员应邀出席了会议。

会上，各位专家认真听取了标准起草人员对前段工作的汇报，并对该标准草稿的内容进行了热烈充分的讨论分析。经过讨论，大家认为该国家标准制定工作前期准备工作充分，基础材料积累较好，进展较快。同时，专家也提出将标准的示例放在附录中等一些修改意见。

九、标准征求意见稿的编写

根据专家研讨会的意见，标准编写工作组对草稿进行了修改。主要修改内容包括：为了简化标准的正文，突出标准主体内容，增加了附录 B，将原草稿正文中的标准示例放到了附录 B 中；根据 GB/T 6421—1986《企业能流图绘制方法》，将企业能源使用过程分为收入贮存、加工转换、分配输送、生产使用、其他等几个环节，对草稿中节能标准的类型进行了调整。

十、征求意见及意见的整理与汇总

2007 年 11 月中旬，全国能标委向全国的有关重点企业、科研院所、地方标准化部门等发出标准征求意见函和征求意见稿 80 余份，同时将征求意见函和征求意见稿刊登在国家标准化管理委员会的网站、中国能效标识管理网站以及有关的专业杂志上。2007 年 12 月底标准编写工作组对返回的意见进行了整理，共收集到 15 个单位提出的 39 条意见。

十一、送审稿的编写

2008 年 1 月 14 日在中国标准化研究院召开了起草组人员及部分重点耗能行业专家参加的标准研讨会。会议对收集的意见进行了逐个讨论，采纳了正确的意见，对不采纳的意见提出其理由。标准编写工作组根据所采纳的意见和重点行业节能标准体系对标准进行了修改，编写出标准送审稿的初稿。2008 年 4 月 17 日，在中国标准化研究院又召开了该标准的起草组工作会议，对送审稿初稿进行了讨论和修改，最终编写出标准的送审稿。

十二、审定会议

全国能标委于 2008 年 6 月 2 日在北京组织召开了《通则》国家标准审定会。全国能标委委员、重点耗能行业的专家、国家标准技术审查部和企业代表以及标准起草人员共 24 人出席了会议，其中审定组由 17 名专家组成。

标准起草组代表就标准起草的背景和标准主要内容等作了的简要说明，与会专家对该标准送审稿进行了逐章逐条的审议，提出了修改意见。与会专家一致通过对该标准的审查，认为“该标准的制定有助于加强企业节能标准化的管理、促进企业建立完善的节能标准体系，对推动企业节能工作程序化、规范化、系统化具有重要作用。该标准的制定是对企业标准体系的完善和补充，对企业的节能工作具有指导性和针对性”。审定会要求标准编写工作组根据审查修改意见对标准进行修改后尽快形成报批稿上报国家标准化管理委员会，并建议作为推荐性国家标准发布实施。

第三节　企业节能标准的调查与分析情况

一、走访调查

标准编写工作组走访的企业有佳木斯电机股份有限公司、南京钢铁联合有限公司、金陵石化公司、扬子石化股份有限公司、江苏兆龙电气有限公司、东北制药总厂、沈阳电机股份有限公司、沈阳石化股份有限公司、特变电工沈阳变压器集团有限公司、北京毕捷股份有限公司 10 家企业。通过走访调查，了解到以下几个方面的情况：

- 企业标准体系情况：企业之间差距较大，规模较大的企业情况较好，一般都建立了企业标准体系或制定了企业标准，并建立了企业标准信息系统，而中小企业情况较差。
- 企业节能工作情况：企业的节能工作决定于企业的主要领导和国家对企业的监督，重点耗能企业和目前被能源审计的企业对节能工作比较重视，对节能目标进行分解，责任到各部门，并建立了节能管理制度。一些企业为了完成本企业经济指标也自觉地加强能源管理，制定了本公司的能源管理制度。但有些企业节能工作的主动性较差。
- 企业收集节能标准的情况：企业只注重收集其所涉及的产品标准，对收集节能标准普遍没有意识，不了解节能标准对节能工作的作用。有的协会编制了《节能法规与节能标准汇编》，但一个公司只有一本。
- 国家和行业标准转化企业标准的情况：在本阶段的调查中有 70% 的企业没有将国家标准或行业标准转化为企业标准，标准转化工作是一个专业性较强的工作，又是跨部门的工作，需要较多的人力资源。企业一般对标准转化不重视，不愿投入过多的资源。一些企业虽然转化过标准，但节能标准没有转化过。

● 企业标准和能源管理机构：重大型企业虽然有标准化和能源管理的专职或兼职机构，但普遍存在人员短缺的问题，如一个耗能量在 593 万 tce 的化工企业，能源管理部门是在技术运行部下设的能源科，该科共有 3 人，一人做统计、一人做管理，而标准化工作由人力资源部负责。在企业中能源管理部门与标准化管理部门很少沟通。企业标准化工作力量薄弱，能人不爱干，孬人干不了。

走访调查的情况可以归纳为以下几点：

● 节能标准收集的不全面，标准覆盖面小，时间滞后；
● 企业基本没有建立节能标准体系；
● 较多企业不重视将国家标准转化为企业标准；
● 企业标准化和节能管理人员薄弱；
● 企业的节能工作依赖于主要领导的意识。

二、调查数据分析

为了充分挖掘企业返回调查表中的信息，标准编写工作组编制了“企业节能标准体系调查处理分析软件”，该分析软件可以按行业、地区、企业性质和企业规模进行查询和统计。查询和统计的内容有企业节能标准体系现状和态度、企业收集标准的渠道、企业能源消费的种类、企业自备电厂和余热回收的情况、企业生产和辅助系统能源消耗的比例、企业用能设备分类的情况。图 3-1 给出了分析软件的界面。

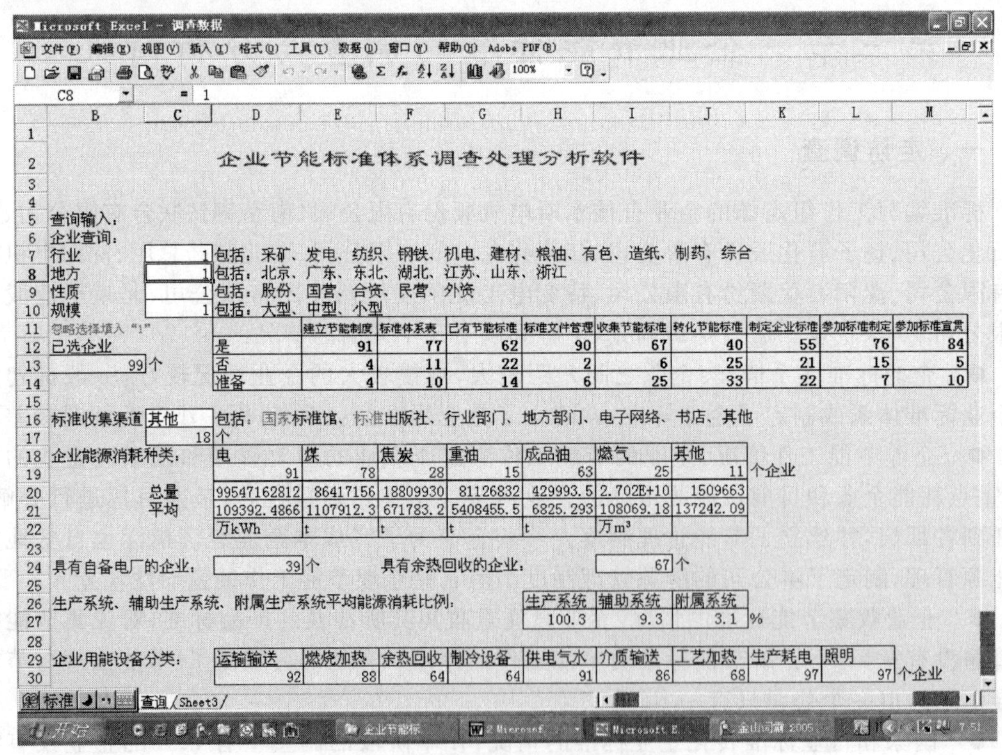

图 3-1 企业节能标准体系调查数据分析软件

通过详细的统计分析，可以得出如下结果：

1. 企业收集标准的渠道

图 3-2 为企业从不同渠道获取标准的比重。从图 3-2 中可以看出，企业获取标准采用最多的方式为电子网络，这说明由于电子网络具有查询速度快、信息量大、没有时间和地域限制、成本低等特点，已成为目前企业获取信息的主要手段。其次是从行业标准化部门和地方标准化部门获取标准，这是比较传统的方式，是电子网络出现之前企业主要采用的手段。因此，在为企业建立节能标准体系服务中，有关部门应加强这几个渠道的服务建设，有针对性地为企业提供各级节能标准。

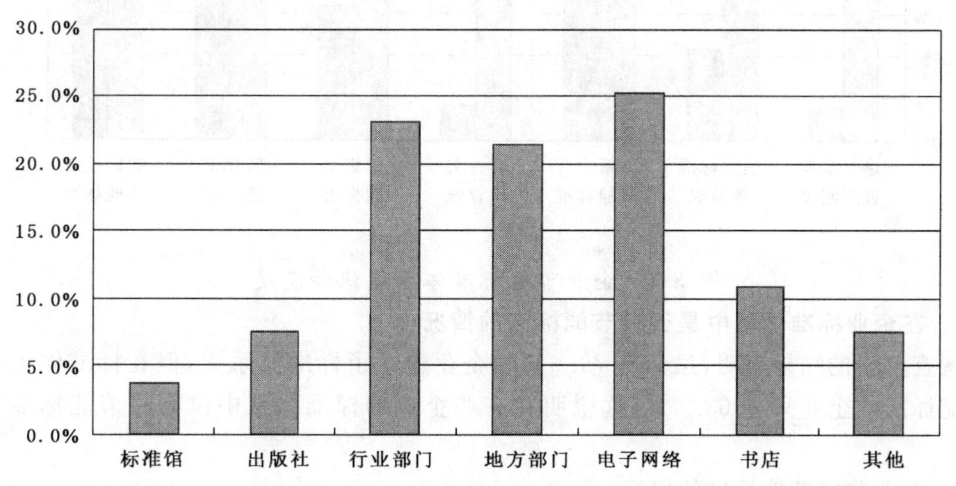

图 3-2 企业从不同渠道获取标准的比重

2. 企业节能管理制度的建立情况

企业建立节能管理制度是所调查内容中情况最好的，有 91.9%的企业都建立了节能管理制度，尤其是发电、钢铁、建材等重点耗能行业，建立节能管理制度的比重达到了 100%。没有建立节能管理制度的这些企业主要集中在非重点耗能行业。这说明目前绝大多数企业对节能减排是非常重视的，在建立节能管理制度上也是非常积极的。

3. 企业标准文件管理情况

企业标准文件管理在调查的结果中也是很好的，有 91.8%的企业都实施了标准文件管理制度，只有少数企业没有对标准文件进行管理。

4. 企业已建立标准体系表的情况

通过调查分析我们了解到有 78.6%的企业已建立了企业标准体系表，特别是发电行业，在所调查的企业中都建立标准体系表，这说明多数企业在建立企业节能标准体系表上已有较好的基础，应在原有标准体系的基础上进一步对节能标准进行补充和完善。对于部分没有建立标准体系的企业，应通过节能标准体系的建立来促进企业整体标准体系的建立。企业节能标准体系现状和态度的情况见图 3-3。

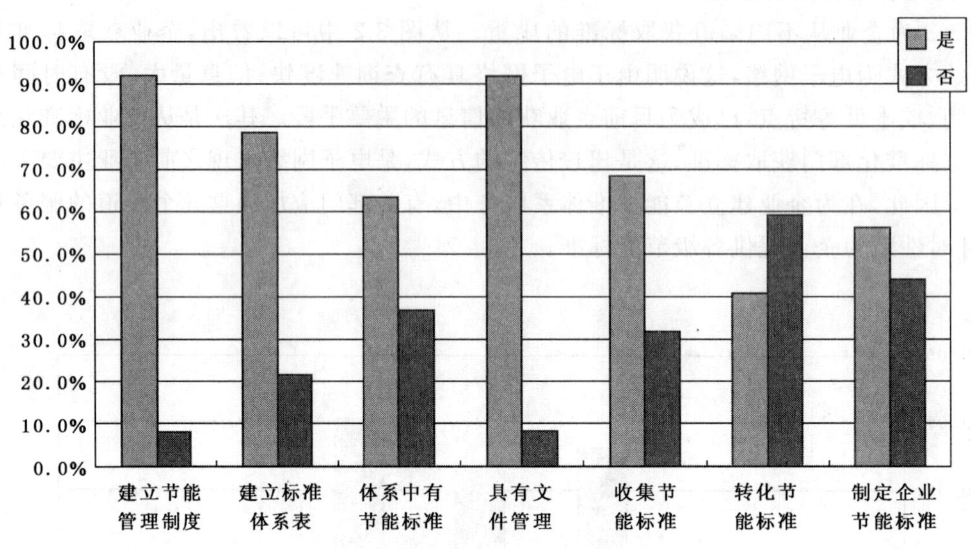

图 3-3　企业节能标准体系现状和态度

5. 在企业标准体系中是否有节能标准的情况

调查分析的结果表明，虽然有 79.6％的企业建立了标准体系表，但在标准体系表中有节能标准的企业只有 63.3％，这说明在有些企业的标准体系中没有将节能标准纳入其中。

6. 企业收集节能标准的情况

调查分析结果表明，有 68.4％的企业曾收集过节能标准，而 31.6％的企业没有专门收集过。部分企业没有对节能标准进行收集的原因主要是不了解节能标准在企业节能工作中的重要性，其次是不了解节能标准应从哪里收集。

7. 企业制定节能标准的情况

在被调查的企业中，56.1％的企业制定了节能标准，43.9％的企业没有或准备制订。制定企业节能标准要有人力、物力的投入，要得到企业决策领导的重视，所以制定了节能标准的企业主要集中在发电、建材和石化等大型的重点耗能行业。

8. 企业转化节能标准的情况

将国家、行业、地方节能标准转化为企业标准是建立企业节能标准体系的重要内容，但转化标准也是一件需要有投入的工作。调查结果表明，转化过节能标准的企业只有 40.8％，没有转化过的企业为 59.2％。其原因也很多，主要原因是企业领导对转化节能标准不理解、不重视。

9. 企业用能设备分类情况

通过软件分析结果表明，将企业按能源使用过程所分的类型在被调查的企业中的分布比较均匀，各种类型在所调查的总数据中占的比例都在 8.6％至 13％之间，并可以涵盖企业的用能设备和各环节。图 3-4 给出了企业用能设备情况。

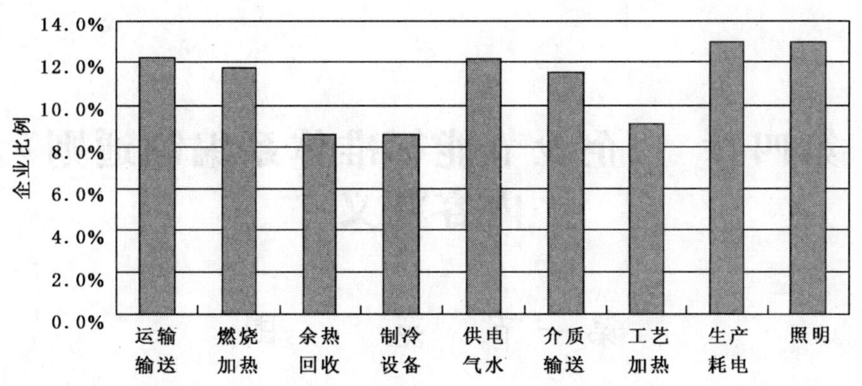

图 3-4　企业用能设备情况

第四章 《企业节能标准体系编制通则》内容释义

第一节 范 围

1 范围

本标准规定了企业节能标准体系的编制原则和要求、企业节能标准体系的层次结构、企业节能标准体系的编制格式。

本标准适用于工业企业,其他用能单位可参照执行。

【释义】

标准的第1章为范围。在这部分的第一自然段表述的是该标准规定的主要内容。在企业节能标准体系中,节能标准、节能标准体系结构图和节能标准明细表构成了企业节能标准体系的三大要素。该标准除了规定企业节能标准体系的编制要求外,对企业节能标准体系的层次结构和企业节能标准体系明细表做了具体的规定。

第二自然段是关于本标准的适用范围。在前面已多次提及或阐述了工业是我国节能重点领域,制定本标准的宗旨也是指导工业用能企业建立节能标准体系,所以本标准的主要适用领域也就是工业企业。因此,从标准的调研、标准研究和标准节能环节的划分也都是围绕工业企业进行的。

但围绕适用范围曾经过一番讨论,其焦点是针对重点耗能企业,还是针对所有工业企业。经过起草组成员与专家的讨论,最后确定为针对所有的工业企业。定为所有工业企业有两个方面的原因:其一,重点耗能企业在标准中不好定义,年耗能量达到多少可称为重点,现没有一个科学、统一的规定,同时国家的重点耗能企业与地方的重点耗能企业的确定方式也不同;其二,节能工作应是所有工业企业的义务,非重点的工业企业也有建立节能标准体系的需求。

对于非工业企业、部门和组织机构(在这里统称为:单位)也有大量耗能设备在使用,如照明设备、办公设备和空调设备等。为体现全社会节能的观念,标准中明确除企业之外的单位也可以参照本标准建立本单位的节能标准体系。

第二节 术语和定义

2 术语和定义

下列术语和定义适用于本标准。

在 GB/T 22336 中对一些特殊术语进行定义是非常重要的，这不但关系到正确理解这些术语，也关系到正确理解标准要求的含义，本标准给出了 7 个术语的定义

> 2.1
>
> **体系（系统） system**
>
> 相互关联或相互作用的一组要素。

【释义】

GB/T 22336 主要用来指导企业建立节能标准体系，所以“体系”是在该标准中出现最多的一个术语，也是有必要进行定义的术语。这里所说的“要素”是指构成事物的必要因素，是构成企业节能标准体系的必要因素，也就是各类节能标准。没有节能标准也就谈不上节能标准体系，如果所需的要素（标准）不全，则体系就不完整，体系的作用也就发挥不出来。

此外，在节能标准体系中，每个标准不是孤立的，而是与其他标准有着必然的关系，有时一个标准与其他多个标准有着多种多样的关系。“相互关联”是描述标准之间联系，可能是从属、纵向的联系，也可能是同属、横向联系；“相互作用”是描述标准之间的影响，影响可能是指导性的，也可能是引用性的。所以在建立企业节能标准体系时，一要根据企业生产和管理情况，收齐所需要的节能标准；二要能够归纳和掌握标准之间相互关系。

> 2.2
>
> **企业节能标准体系 energy conservation standard system for enterprise**
>
> 企业内所采用的各级节能标准按其内在联系形成的体系，是企业标准体系的组成部分。

【释义】

“企业节能标准体系”是在“体系”的基础上，将概念近一步具体化，并将体系定位在企业节能标准上。在这里明确的指出：这个体系是由节能标准所组成的，这些节能标准是被本企业所使用的，而这些标准是来自不同级别的，并且标准之间是有一定的内在联系的。这一术语也对企业节能标准体系进行了大致描述和概括。

定义中的“是企业标准体系的组成部分”是将企业节能标准体系的属性进行了近一步的明确。强调企业节能标准体系是企业标准体系的一部分，在体系建立、体系运作和体系维护上应与企业标准体系相协调。

> 2.3
>
> **企业节能标准体系表 diagram of energy conservation standard system for enterprise**
>
> 企业节能标准体系内的标准按一定形式排列起来的图表。

【释义】

企业节能标准体系表是实施企业节能标准化的基础性文件，是企业节能标准体系的重要要素。企业节能标准体系表是由企业节能标准体系层次结构图和企业节能标准体系

明细表组成。

“图”是指节能标准体系的结构层次图，层次结构图的作用是用来表明不同类别节能标准之间的相互特性和相互关系。“表”是指节能标准明细表，它的作用是对各个标准进行分类登记，并反映标准的代号、级别、应用状况等一些基本信息。“图”和“表”两者之间相互关联，缺一不可。层次结构图形象地反映各类标准之间的纵向和横向关系，而明细表具体发挥着节能标准文件管理的作用。

2.4

节能基础标准　basic standard of energy conservation

在节能工作范围内作为其他标准的基础，并在节能工作中普遍使用的标准。

【释义】

节能基础标准在节能标准体系中具有重要的地位，在企业节能标准体系层次图中放在第一层次上。其原因是它们在整个企业节能标准中起着基础性作用，是其他节能标准必须遵守的依据。

比如在国家标准 GB 2586《热量单位、符号与换算》中规定：能、功、热的单位采用焦(耳)，单位的符号为 J。因此，在所有节能标准中当涉及热量单位时都应用“焦”或“焦耳”，而不能用“卡”等其他热量单位，如果制定标准时原始数据用的单位是“卡”，在制定标准时也应将“卡”换算成“焦耳”，并按 GB 2586 中给出的能量单位换算表进行换算。所以术语、文字代号、编码分类这样的标准均称之为基础标准。

2.5

节能技术标准　technical standard of energy conservation

对企业节能工作中需要协调统一的技术事项所制定的标准。

【释义】

节能技术标准是企业节能标准体系的主要内容之一，由于其数量多，对企业的节能工作具有直接的和间接的指导作用，所以在企业节能标准体系结构图中与节能管理标准放在中间的第二层次上。

这里所说的节能技术是指在企业中进行节能活动的手段和设备的数据水平上，为使企业的各项节能手段达到协调统一和设备的数据保持一致性，所以就要用技术标准加以约束，使企业的节能工作有序进行，达到最佳的节能效果。

2.6

节能管理标准　management standard of energy conservation

对企业节能工作中需要协调统一的管理事项所制定的标准。

【释义】

节能管理标准也是企业节能标准体系的主要内容，对企业的节能工作也具有直接和间接的指导作用，但是其指导的节能工作内容偏重在管理上，在企业标准体系结构图中与节能技术标准并列在第二层次上。

企业节能管理是企业内部或外部有关人员或机构在针对企业的节能工作上，通过计划、组织、控制、引导等活动过程，对企业所使用的能源进行合理配置、有效使用，以达到本企业既定的节能目标。而节能管理标准就是为使这一活动过程获得最佳秩序，取得最佳节能效益而制定的规范性文件。

节能技术标准与节能管理标准并没有很清楚的界线划分，它们的区分也是相对而言的。在一些标准中既有管理上的要求，也有技术上的要求，只是管理内容和技术内容或多或少的问题。依据标准使用对象不同，同一个标准也可能是管理标准，也可能是技术标准。比如设备能效标准在国家层面上，它是实施节能政策的依据，所以它无疑是管理标准；在企业设备管理上，它也是管理标准；但在设备的生产企业，企业的设计部门就应参考能效标准中的指标进行设计，进行产品质量控制，此时能效标准在设备的生产企业就属于技术标准。

因此，不同企业在建立企业节能标准体系中，要注意节能技术标准和节能管理标准的划分，切不能想当然，也不能墨守成规，要分析节能标准在企业中的作用，是更针对技术的还是更针对管理。总之要让每个节能标准在企业的节能工作中发挥最佳的作用。

2.7

节能工作标准　duty standard of energy conservation

对企业节能工作中需要协调统一的工作事项所制定的标准。

注："工作事项"主要指在执行相应节能管理标准和节能技术标准时与工作岗位的职责、岗位人员基本技能、工作内容、要求与方法、检查与考核等有关的重复性事物和概念。

【释义】

节能工作标准是企业节能标准体系的根本，对企业的节能工作具有直接的指导作用，所以在企业节能标准体系结构图中放在最下面的层次上。对于工作标准的解释和定义，在国家标准 GB/T 13017《企业标准体系表编制指南》和 GB/T 15498《企业标准体系表管理标准和工作标准体系》中都将工作标准定义为："对企业标准化领域中需要协调统一的工作事项所制定的标准"。其中"工作事项"主要指在执行相应管理标准和技术标准时与工作岗位的职责权限、工作内容和方法，岗位的任职资格和基本技能、检查考核等有关的重复性事物和概念。为了在概念上的统一，在本标准中将节能工作标准定义为："对企业节能工作中需要协调统一的工作事项所制定的标准"。

对于企业工作标准的定义，在目前标准化领域中没有太大的争议，但是对于企业标准的内涵却有两种不同的理解，由于理解的不同，工作标准的内涵问题直接影响到了企业对建立节能标准体系的理解和态度。

一种对企业标准内涵的理解是，企业标准就是"标准"，应按《中华人民共和国标准化法》的规定到当地政府标准化行政主管部门和有关行政主管部门备案，且工作标准的封面及印刷格式应符合 GB/T 1.1，标准编号应使用企业统一的标准编号方法。另一种理解是，只要是由企业内部机构批准，在企业内部共同使用的和重复使用的规范性文件，就是企业标准。两种理解的实质问题在于，第一种理解是企业标准不包括企业制定的质量手册、质量控制程序、操作规程、作业指导书和各种管理规定等文件，因为它们在备案形式、文件格式、文件编号等方面与标准不同，如果要制定企业工作标准就要按制定标准的程序和方式制定各级、各岗位的工作标准。第二种理解认为，只要是在企业工作事项中，经协商，由某机构批准，具有共同使用和重复使用的规范性文件，都应该是企业的工作标准，所以质量手册、质量控制程序、操作规程、作业指导书和各种管理规定等文件也属于企业工作标准。

在这里我们不评价它们谁对谁非，只分析它们对建立企业节能标准体系的影响。我们在调查研究中发现，一些企业对建立节能标准体系有一定的抵触情绪，由于他们对企业节能标准是第一种理解，所以他们认为建立企业节能标准体系是一个浩大的工程，尤其是在制定节能工作标准上，不但要制定各级别管理人员的节能工作标准，还要制定每个特殊过程操作人员的节能工作标准和一般操作人员的节能工作标准，制定这么多的节能标准会给企业带来巨大的负担，一般企业是承担不了的，也就不愿去做。

对企业工作标准是第二种理解的企业，他们在建立企业节能标准体系上就比较积极。因为企业目前的管理性文件都健全，并且涉及各个工作环节，企业在建立节能标准体系时，将节能技术标准和管理标准中的相关内容分解到企业现有的各个管理性文件中就可以了。

所以在建立节能标准体系中，我们将节能标准的内涵理解为包括企业工作标准和企业管理性文件就可以了。在本标准中所提到的“转化”也就是将节能工作标准、节能技术标准和节能管理标准中的相关要求体现在企业工作标准和企业管理性文件中。

第三节　企业节能标准体系的编制原则和要求

一、编制原则

GB/T 22336 是一个通则标准，为的是指导企业根据自己的情况制定本企业的节能标准体系，所以 GB/T 22336 主要不能为企业规定出一个企业节能标准体系，而是提出企业在制定节能标准体系时应遵循的原则。

GB/T 22336 规定了企业在建立企业节能标准体系时应遵循“协调一致”、“全面配套”、“层次恰当”、“划分明确”、“开发扩展”五项原则。

3　企业节能标准体系的编制原则和要求

3.1　编制原则

3.1.1　协调一致

企业节能标准体系是企业标准体系的组成部分，节能标准体系应与企业标准体系相协调，并应符合国家和地方有关节能、标准化等法律法规。

【释义】

“协调一致”强调节能标准体系是企业标准体系的一个组成部分，是企业标准体系中的子体系，不能独立于企业标准体系之外。这里有两个方面的含义，一是要考虑节能标准体系中的要素（标准）要与其他子体系标准的协调，特别是在有关术语、量的单位与符号、缩略语、引用文件等方面要保持一致；二是要考虑系统结构的统一性，在节能标准体系中也包含节能基础标准、节能技术标准、节能管理标准和节能工作标准四个子系统。

3.1.2　全面配套

应充分反映企业节能标准化工作、企业节能目标和企业节能责任的客观需要，使企业所有节能标准化工作在节能标准的规定下进行，并覆盖企业各节能环节。

【释义】

"全面配套"强调建立企业节能标准体系时应围绕企业的节能目标和各个节能环节，使节能标准能够覆盖整个企业的节能工作；同时还要兼顾每个节能环节点上的节能技术标准、节能管理标准和节能工作标准，使各节能环节的物、事和人在节能标准的规范之下，谨防出现节能工作的死角。

3.1.3　层次恰当

应根据节能标准的种类和与其他节能标准的关系将其安排在恰当的层次上，使得不同层次标准之间具有隶属或包含关系，较高的层次应具有更多的共性，较低的层次应具有更多的个性。

【释义】

"层次恰当"强调要根据各项标准的适用范围和性质，提取它们的共性特征，并将它们按纵向层次分类。根据标准共性的大小，将标准划分在不同的上下层次上。在企业节能标准体系中，节能标准分为三个层次，在建立企业节能标准体系时应首先将各节能标准划分到所规定的三个层次中，并且划分得要合理、恰当。

3.1.4　划分明确

节能标准体系内子体系的划分应按节能活动的性质或能源使用过程划分，避免同一项标准在不同子系统中出现。

【释义】

"划分明确"强调要根据各项标准的针对性和特征，按不同的节能关节和标准的性质，将它们以横向的类别划分。在建立企业节能标准体系上，应特别注意节能技术标准和节能管理标准的划分，要分析节能标准在本企业中发挥什么性质的作用，还要从企业的全盘节能工作方面考虑。

3.1.5　开放扩展

企业节能标准体系是开放的系统，应随着相关国家标准、行业标准、地方标准和企业节能工作的变化而变化。企业应将节能标准的相关内容及时采纳或转化到工作标准中，以使节能标准中的要求得到扩展和实施。

【释义】

"开放扩展"强调节能标准体系的与时俱进。开放的含义是企业的节能标准体系应根据国家节能法律法规、国家节能标准等外界因素的变化而变化。这种变化可能是新增加的标准，也可能是新修订的标准。扩展的含义是在节能标准体系变化中应考虑对企业标准的制、修订，以及对企业节能管理文件的制定和修订。

二、编制基本要求

除了上述5项原则外，在编制企业节能标准体系时还有些具体的事项也要遵守，所以在此又提出建立企业节能标准体系时还应遵循以下几个具体要求。

3.2 编制基本要求

3.2.1 应根据实际情况充分采用国家、行业和地方节能标准，并纳入本企业节能标准体系中。

【释义】

在这项要求里面有两层的含义：一是国家、行业和地方标准可以直接作为企业节能标准体系中的要素；二是纳入本企业的标准应对本企业的节能工作具有指导作用。或是本企业节能工作的依据，或是本企业制定节能规章制度和操作规程等文件的依据。

3.2.2 当国家、行业和地方节能标准不能满足本企业节能工作的需求时，企业应制定本企业的节能标准。

【释义】

这一条要求规定了制定企业节能标准的必要条件。这里也有两种情况：其一，当企业节能工作的指标和要求需要高于国家、行业和地方标准时，企业可制定企业标准；其二，针对企业某节能环节或某事物需有节能标准来规范时，而国家、行业和地方标准中没有的，企业可制定企业节能标准。

3.2.3 应及时了解国家、行业和地方节能标准的制、修订动态，对本企业节能标准体系进行调整或补充。

【释义】

无论是国家节能标准体系还是行业和地方的节能标准体系都是动态的，它们的数量和内容都在发生着变化。特别是近几年，我国节能标准发展很快，出现了一些新的节能标准类型，如单位产品能耗限额标准。同时根据国家节能工作的需要，大量的国家节能标准被修订，并且一些节能标准的修订期也大大缩短。企业要随时跟踪各级标准的动态与变化，将新的各级相关标准及时纳入本企业的节能标准体系中。若企业在建立节能标准体系之后不去跟踪上级标准变化，不去及时补充和修改节能标准体系，企业节能标准体系将是无源之水、无本之木，将逐渐失去其作用。

3.2.4 应根据节能技术标准和节能管理标准制定本企业节能工作标准。

【释义】

企业中的各级管理文件对企业各项工作起着直接指导作用。在建立企业节能标准体系中，只将各级标准收集和分类是不够的，要让这些标准对企业的节能工作发挥作用，将各级标准中的相关内容转化为企业标准、企业节能规章制度、企业的操作规程等企业文件是至关重要的。如果缺少这一环节，企业节能标准体系就如同空中楼阁，许多上级标准中的内容就不能在企业中贯彻、执行。

3.2.5　企业节能标准体系中各类标准的划分应符合企业自身的技术和管理特征。

【释义】

GB/T 22336 中的节能标准体系结构是综合许多行业能源使用环节归纳出来的，并不是针对某一个特定企业的。另外，即使生产同类产品的企业，也存在着各企业的生产模式、生产工艺、管理方式、组织结构是有所不同的情况。因此，企业应根据本企业的具体情况来建立节能标准体系，以提高节能标准体系的适应性和可操作性。

3.2.6　企业节能标准体系的表现形式可以是纸质文件或电子文件，应便于管理、修改和补充。

【释义】

根据上述 3.2.3 要求，企业节能标准体系需经常维护，要不断更换和补充标准，这会给企业增加标准体系维护的工作量，所以企业应在建立企业节能标准体系时采用更高级的文件管理手段和技术。目前许多企业实现了计算机文件管理，许多文件是以电子文件形式上传、下发的，既便于修改，又提高了管理效率。但目前有些企业还没有实现文件的计算机管理，企业的管理文件还是传统的纸质文件，所以在本标准中不强求企业采用哪一种方式，但不管使用何种形式的文件，都应采取措施以便于文件的管理、修改和补充。

3.2.7　企业其他工作标准中包含节能工作要求并能满足节能工作需要，应纳入企业节能标准体系。

【释义】

在建立节能标准体系之前，许多企业在节能方面也作了大量的工作，在其他工作标准中也制定了一些节能工作的内容。为了遵循企业节能标准体系“协调一致”和“全面配套”的编制原则，以及节能标准体系的完整性，企业在建立节能标准体系时应该注意，原有工作标准中的节能内容也应纳入节能标准体系中。这里所说的“纳入”不是将这部分内容从其他工作标准中提取出来，再编写一个标准，而是在节能标准体系明细表中反映出来。

第四节　企业节能标准体系层次结构

4　企业节能标准体系层次结构

4.1　企业节能标准体系的关联性

国家与地方节能法律和法规、国家和行业节能标准体系与规划、企业节能方针与目标构成了企业节能标准体系的上层外延。企业在建立节能标准体系时应将其作为指导性文件，并放在企业标准体系之上。

【释义】

任何事物都要受外界的影响，并作用于外界，企业节能标准体系也不例外。只有掌握企业节能标准体系与外界的关联性，我们才能建立好、维护好企业节能标准体系，使它发挥真正的作用。图 4-1 为企业节能标准体系的层次与外界关联图。图中虚线以内的是企业节能标准体系，虚线以外的是与企业节能标准体系相关联的事物。

企业的节能标准首先要遵循国家、地方的节能法律和法规；企业节能标准体系也要适应国家、行业和地方节能标准体系的发展和变化；同时企业节能标准也要体现企业的节能方针与目标。鉴于这些文件对企业节能标准具有指导性和法制性的关系，所以国家与地方节能法规、国家和行业节能标准体系现状与规划、企业节能方针与目标构成了企业节能标准体系的上接外延。按本标准规定，在编制企业节能标准体系把这部分作为上接外延画出来，并以虚线与企业节能标准体系分开。在建立企业节能标准体系时，也应将这三个部分的文件收齐，作为建立和实施节能标准体系的指导性文件。

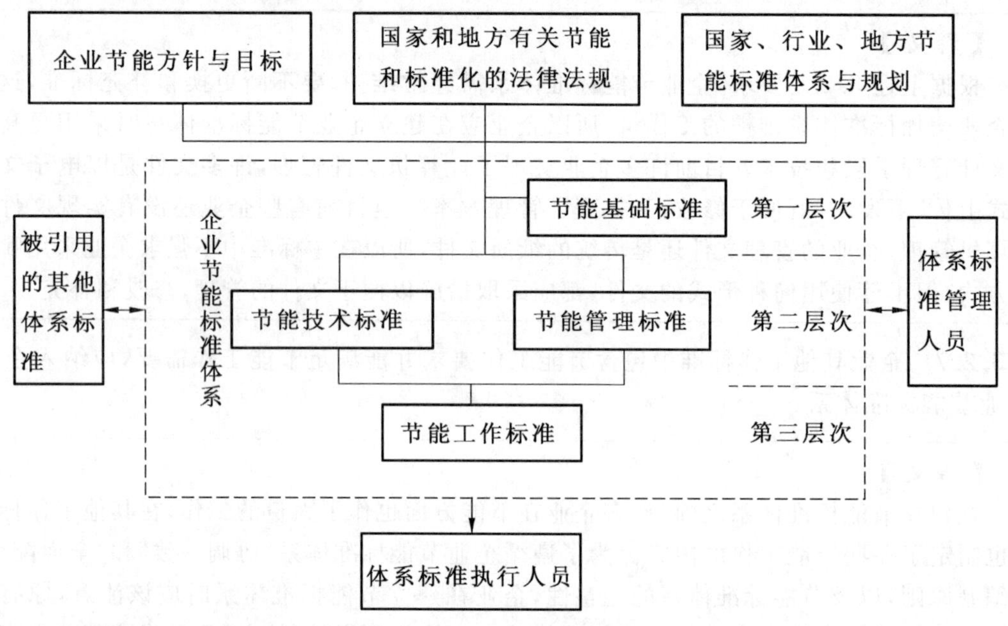

图 4-1　企业节能标准体系的层次与外界关联图

在图 4-1 的左侧是企业节能标准要引用的其他体系的标准。由于被引用标准是节能标准的组成部分，节能标准中的一部分内容是在被引用标准中，所以没有引用标准，节能标准就不完整，也就不能完全发挥节能标准的作用。因此在建立企业节能标准体系时应对节能标准中的引用标准进行分析，如果引用标准对本企业的节能工作具有相关性，也应将引用标准作为节能标准的一部分进行收集。

在图 4-1 右侧是与节能标准体系相关的管理人员。企业节能标准体系的建立和维护都需要专业人员来进行，即使建立了企业节能标准体系后，如果无人员进行管理维护，企业节能标准体系将不断失去它对企业节能工作的作用。在图 4-1 的下面是企业节能标准的执行人员，没有这些人员对节能标准的实施，企业节能标准体系将从根本上失去作用。所以建立企业节能标准体系后，通过节能工作标准，使企业的各项节能工作责任到人，企业节能标准体系才能真正发挥作用。

由于企业节能标准体系的层次图需在结构上与其他企业标准体系的标准相协调，所以将图4-1左边的引用标准、右边的管理人员和下方的执行人员三个部分去掉，成为本标准中的图1的企业节能标准体系层次图。

4.2 层次

从一定范围内的若干个标准中，提取共性特征并制定成共性标准。然后，将此共性标准安排在标准体系内的没被提取的若干个标准之上，这种提取出来的共性标准构成标准体系中的一个层次。

企业节能标准体系分为三个基本层次，第一层为节能基础标准，第二层为节能技术标准和节能管理标准，第三层次为节能工作标准。企业节能标准体系层次见图1。

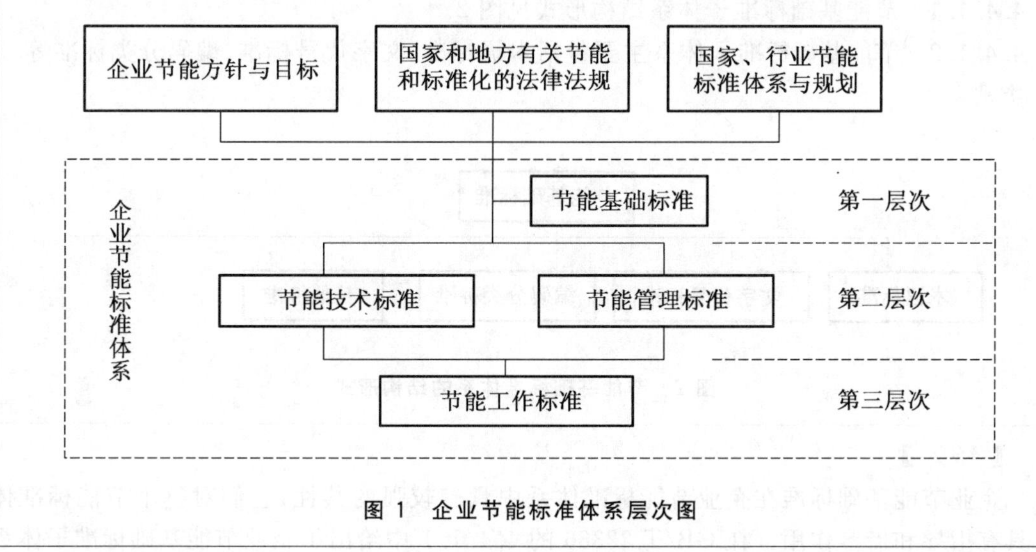

图1 企业节能标准体系层次图

【释义】

这一规定是为在建立企业节能标准体系时如何划分标准层次提供一个基本方法，同时也表明共性越高的标准层次越高，特性越高的标准层次越低，上一层的标准对下一层标准具有一定的指导意义。

GB/T 22336给出了企业节能标准体系的一个基本层次图，图1中将企业节能标准体系划为三个基本层次，第一层为节能基础标准，第二层为节能技术标准和节能管理标准，第三层次为节能工作标准。企业也可以根据企业的实际情况在每个子系统中再分层次。

4.3 结构

节能基础标准、节能技术标准、节能管理标准和节能工作标准子体系的结构方式根据企业具体情况，应使各子系统之间具有关联性。

【释义】

这条是对企业节能标准的结构方式提出要求，其含义是构建企业的节能标准体系要结合企业的具体情况，不应千篇一律。由于企业生产的产品不同、工艺不同、规模不同、管理模式不同,企业的节能管理体系的结构也就不同,企业应根据具体情况来构建本企业节能标准体系,确定层次、子系统和标准的多少。但是不能偏离节能标准体系的原则,应反映出各子系统特性和子系统之间的相关性。

4.4 节能标准体系的构成

【释义】

GB/T 22336 的 4.4 规定的是企业节能标准体系的一般性结构,也就是节能基础标准、节能技术标准、节能管理标准和节能工作标准子体系中的一般性结构内容。这些内容是可以根据企业情况进行增减的。

4.4.1 节能基础标准子体系

4.4.1.1 节能基础标准子体系结构形式见图 2。

4.4.1.2 节能基础标准子体系主要包括术语标准、文字代号标准、编码分类标准等类别。

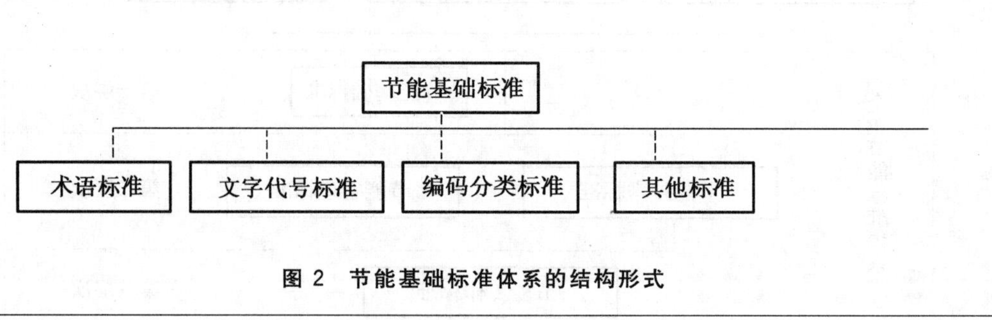

图 2 节能基础标准体系的结构形式

【释义】

企业节能基础标准在企业节能标准体系中具有较强的共性,它们对整个节能标准体系具有指导和借鉴作用。在 GB/T 22336 的 4.4.1.1 中给出了企业节能基础标准子体系的样式,GB/T 22336 的 4.4.1.2 说明企业节能基础标准体系所包含标准的种类,节能基础标准子体系的主要结构见图 2。

4.4.1.3 可根据具体情况在图 2 的结构上增加新的标准类别。企业应根据自身实际情况确定各类标准中的内容。各类标准的示例参见附录 A 中的 A.2。

【释义】

GB/T 22336 的 4.4.1.3 进一步强调了节能基础标准体系的内容。第一,本标准图 2 中的结构并不是唯一性的,企业可根据实际情况增加或减少标准的类别。例如在中小企业中,节能管理就简单一些,用不上集成管理技术,也就用不上节能的编码分类标准,所以就可以将"编码分类标准"剪裁掉。图 2 中的"其他标准"和横线的右端不封口都表明节能基础标准体系是开放的,若企业有其他类别的节能基础标准也应体现在该图上;第二,在每个基础标准类别中,都有哪些具体标准也是根据企业的具体情况而定。但是,每个标准应适用于企业的节能工作。为了使企业更好地理解基础标准,在 GB/T 22336 的附录 A.2中给出了几个基础标准的例子。

4.4.2 节能技术标准和节能管理标准子体系

4.4.2.1 节能技术标准和节能管理标准子体系的构成需要综合考虑能源使用环节以及不同类型的标准，其结构层次图分别见图3和图4。

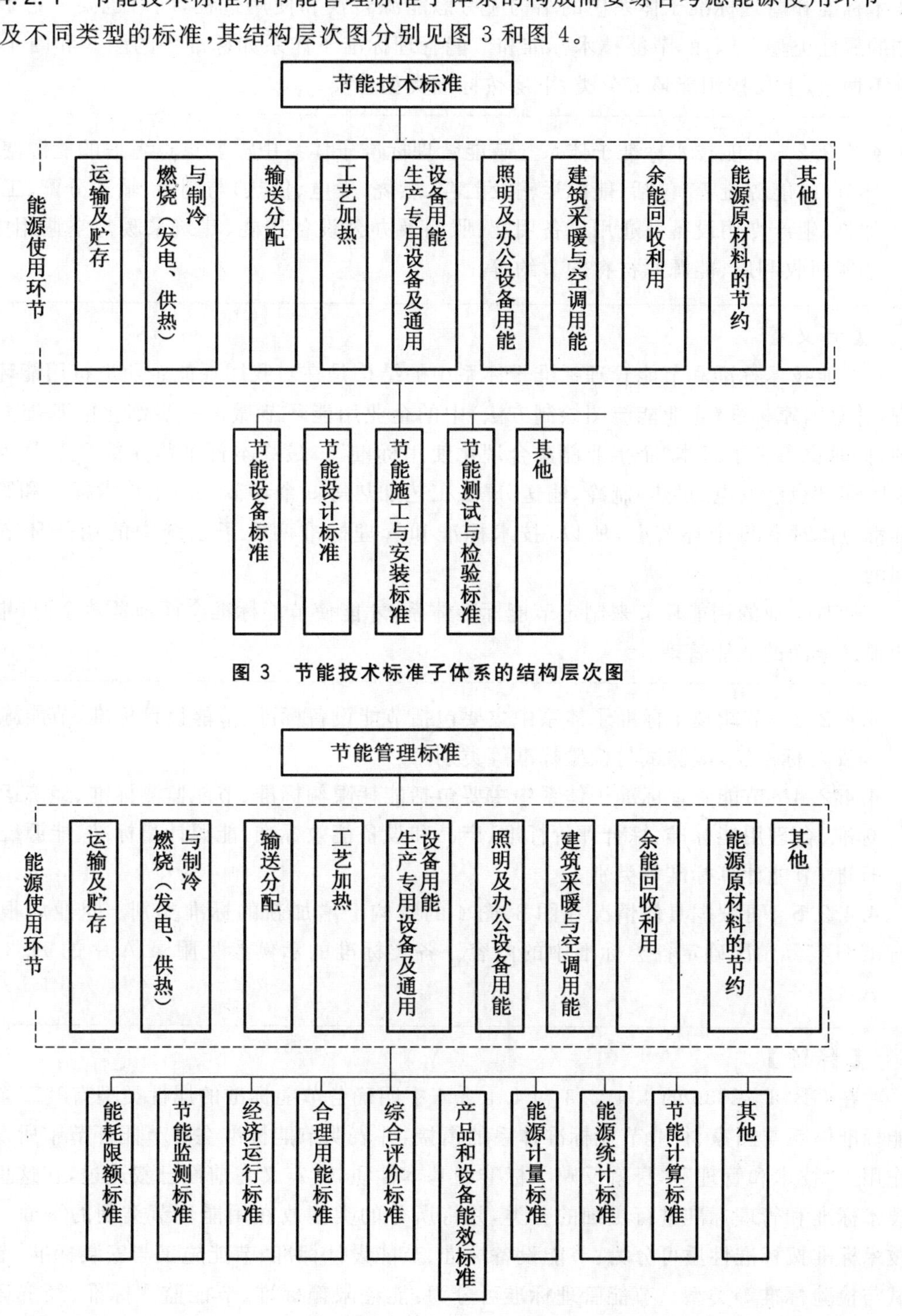

图3 节能技术标准子体系的结构层次图

图4 节能管理标准子体系的结构层次图

【释义】

为了便于抓住企业节能工作的各个环节，加强企业节能标准体系的针对性，企业节能技术标准和管理标准子体系中的结构应考虑能源转换和使用过程，同时也要考虑节能标准的属性类型。因而，节能技术标准和节能管理标准子体系如标准中的图 3 和图 4，分为上下两层，上层按用能环节分类，下层按标准类型分类。

4.4.2.2 节能技术标准子体系与节能管理标准子体系中需要重点考虑的能源使用环节（或能源流程）包括：能源运输及贮存、燃烧（发电、供热）与制冷、输送分配、工艺加热、生产专用设备及通用设备用能、照明及办公设备用能、建筑采暖与空调用能、余能回收利用、能源原材料的节约等。

【释义】

节能技术标准和节能管理标准子体系中的结构是在对我国耗能企业进行用能环节调查，并对国家标准《企业能流图绘制方法》中的企业用能环节做进一步细化的基础上确定的，同时也参考了日本“企事业能源合理化使用标准”。最终本标准将用能环节分为运输及贮存、燃烧（发电、供热）制冷、输送分配、工艺加热等 9 个环节。由于技术标准和管理标准都应体现在每个环节上，所以，技术标准和管理标准两个子系统中的用能环节是相同的。

针对企业的用能环节来制定节能标准体系，才能使节能标准全面地覆盖企业，指导企业抓好全面的节能管理。

4.4.2.3 节能技术标准子体系中主要包括节能设备标准、节能设计标准、节能施工与安装标准、节能测试与检验标准等类别。

4.4.2.4 节能管理标准子体系中主要包括能耗限额标准、节能监测标准、经济运行标准、合理用能标准、综合评价标准、产品和设备能效标准、能源计量标准、能源统计标准、节能计算标准等类别。

4.4.2.5 可根据具体情况在图 3、图 4 的结构上增加新的标准类别。企业应根据自身实际情况确定各类标准中的内容。各类标准的示例参见附录 A 中的 A.3 和 A.4。

【释义】

在 GB/T 22336 的 4.4.2.3 和 4.4.2.4 中明确各节能标准的属性类型有利于企业节能标准体系与国家、行业节能标准体系的衔接，并表明节能标准在各节能环节中所发挥的作用。“技术和管理”本身就反映了标准的基本性质，其定义在前面已叙述过，在这里又将技术标准和管理标准进行更细的分类，并将所分的类型放在用能环节类别的下面。节能技术标准按标准性质可分为：节能设备标准、节能设计标准、节能施工与安装标准、节能测试与检验标准等类型。节能管理标准可分为：能耗限额标准、节能监测标准、经济运行标准、合理用能标准、综合评价标准、产品和设备能效标准、能源计量标准、节能计算标准等类型。

由于一些企业的用能环节可能没有包括在上述的 9 个具体用能环节中,同时节能标准也是在不断发展中,今后有可能根据节能工作的需要会出现节能标准的新类型,所以在 GB/T 22336 的 4.4.2.5 中强调了在该标准规定的结构上是可以增加新的节能环节和节能标准的新类别。

企业在建立节能标准体系时可以先确定用能环节,再确定每个用能环节中所涉及的节能技术标准和管理标准,这样每个标准针对性和适用性就更清楚。但要注意的是,在管理标准中有一些综合性的标准和对企业进行整体评价的标准不能与用能环节相对应,需要单独考虑,也可以将综合标准作为一类。

为了使企业掌握节能技术标准和节能管理标准中的具体内容,以下对各用能环节做进一步的解释,并对各节能环节中的技术标准和管理标准举例。

(1) 运输及贮存

运输及贮存是指一次能源进入企业到能源被使用之前这一过程,在这过程中的能源消耗可能包括一次能源运输过程的消耗(其运输工具可能是船、火车、汽车或管道等)、企业对一次能源装卸和加工的消耗、存放过程中的损耗等。所包括的节能技术标准有:JT/T 306《汽车节油产品使用技术条件》、GB/T 14951《汽车节油技术评定方法》等;节能管理标准 GB/T 4352《载货汽车运行燃料消耗量》、JT/T 339《船舶供受燃油管理规程》等。

(2) 燃烧(发电、供热)与制冷

燃烧(发电、供热)与制冷是指一次能源转化为二次能源或能源工质的过程,在这过程中可能包括热电锅炉和发电机、蒸汽锅炉、热水锅炉、焦炉和用于生产工艺制冷设备等。所包括的节能技术标准有:GB/T 18342《链条炉排用煤技术条件》、GB/T 6423《热电联产系统技术条件》等;节能管理标准有:GB/T 15317《工业锅炉节能监测方法》、GB/T 17954《工业锅炉经济运行》等。

(3) 输送分配

输送分配是指转化后的二次能源或能源工质的配送过程,在这个过程中所包括的设备有输配电网、变压器、配电器、蒸汽或热水管道等。所包括的技术标准有:GB/T 11790《设备及管道保冷技术通则》、GB/T 8175《设备及管道保温设计导则》等,节能管理标准有:GB/T 1362《电力变压器经济运行》、GB/T 12712《蒸汽供热系统凝结水回收及蒸汽疏水阀技术管理要求》等。

(4) 工艺加热

工艺加热是指在生产工艺过程中,需对生产原料或半成品进行加热处理的过程,所消耗的能源可能是一次能源也可能是二次能源。在这个过程中涉及的设备有加热或预热炉、高炉、烘干设备、电阻炉、电弧加热装置、窑炉、单晶炉、退火炉等。所包括的相关节能技术标准有:GB/Z 18718《热处理节能技术导则》、GB/T 16618《工业炉窑保温技术通则》、SY/T 0524《热媒间接加热装置技术条件》等,节能管理标准有:GB/T 19065《电加热锅炉系统经济运行》、GB/T 15911《工业电热设备节能监测方法》等。

(5) 生产专用设备及通用设备用能

生产专用设备及通用设备是指在生产过程中,为生产产品而使用的用能设备或装置,其设备或装置大部分消耗电能，也有一部分消耗的是一次能源或能源工质。主要包括电动机、风机系统、泵系统、空压机系统、电解或电镀设备、电控制设备、电动和气动工具、粉碎或破碎机、电焊设备等。所包括的技术标准有：GB/T 8916《三相异步电动机负载率现场测试方法》、SY/T 5225《CJT 系列抽油机节能拖动装置》等，节能管理标准有：GB/T 12497《三相异步电动机经济运行》、GB/T 16665《空气压缩机组及供气系统节能监测方法》等。

(6) 照明及办公设备用能

照明及办公设备是指在企业中为了照明和办公而使用的用电设备或装置。照明设备涉及照明光源、灯具、镇流器和照明控制装置等；办公设备如打印机、复印机、传真机、计算机等。所包括的技术标准有：GB 52234《建筑照明设计标准》、GB/T 18892《复印机械环境保护要求　静电复印机节能要求》等，节能管理标准有：GB 19573《高压钠灯能效限定值及能效等级》、GB 21521《复印机能效限定值及能效等级》等。

(7) 建筑采暖与空调用能

建筑采暖与空调设备是指在企业内部为了保障生产和生活环境，提供的供暖和供冷设备和装置。主要包括空调和建筑通风设备、暖气装置等。所包括的技术标准有：GB 50189《公共建筑节能设计标准》等，节能管理标准有：GB 12021.3《房间空气调节器能源效率限定值及能源效率等级》、GB/T 17981《空气调节系统经济运行》。

(8) 余能回收利用

余能回收利用是指将生产过程中所产生的余热、余压等潜能进行收集和再利用的过程，其中包括余热锅炉、煤气回收装置、换热器等设备与装置。所包括的技术标准有：GB/T 10863《烟道式余热锅炉通用技术条件》、JB/T 6694《余热锅炉参数系列　回转式水泥窑余热锅炉》等，节能管理标准有：GB/T 17719《工业锅炉及火焰加热炉烟气余热资源量计算方法与利用导则》等。

(9) 能源原材料的节约

能源原材料是指企业将煤、油或天热气作为生产原材料，通过生产工艺流程将其转换为产品。在这些企业内要加强对能源原材料的节能管理，提高原材料的使用率，减少能源原材料的浪费。目前国家和行业节能标准体系中还没有相应的标准。

(10) 其他

GB/T 22336 的 4.4.2.5 是对构建节能技术标准和管理标准子体系的附加说明，考虑到有的企业用能设备不能划入以上 9 个环节，在图的最右端增加了一个"其他"的环节，企业可以将一些分散的、不容易归类的节能标准放在其中。上面横线的右端没有封口，企业也可以根据具体用能情况，将可以归类的用能设备，但又不在 9 个环节之中的作为一个环节增加到上面。在附录 A 的 A.3 和 A.4 中给出了一些节能技术标准和管理标准的示例。

最后再说一下综合评价和管理类标准。综合评价和管理标准是不能对应到具体设备上去的，它们一般属于管理标准，如企业的能量平衡、能源审计、能耗和节能量计算方法、能耗限额、节能监测等事项。而综合性的节能设计标准属于技术标准。综合性的节能技术标准有：GB 50376《橡胶工厂节能设计规范》、JBJ 14《机械行业节能设计规范》等，节能管理标准有：GB/T 12723《单位产品能源消耗限额编制通则》、GB/T 17166《企业能源审计技术通则》等。

4.4.3 节能工作标准子体系

4.4.3.1 节能工作标准子体系的结构形式见图5。

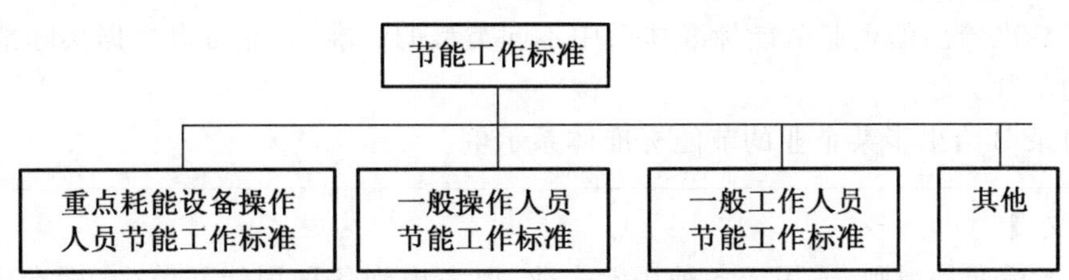

图5 节能工作标准子体系的结构层次图

4.4.3.2 企业节能工作标准子体系分为:重点耗能设备操作人员节能工作标准、一般操作人员节能工作标准、一般工作人员节能工作标准等类别。

4.4.3.3 应根据自身实际情况确定各类标准中的内容。各类标准的示例参见附录A中的A.5。

【释义】

节能工作标准是对企业节能标准化领域中需要协调统一的工作事项所制定的标准。为了在结构形式上与企业标准体系相关标准相协调,本标准所提及的节能工作标准中包括了企业内部的工作标准、工作岗位职责或守则、作业指导书、操作规程、工作守则等。节能工作标准也是企业各级人员节能责任制度、节能考核制度、节能奖惩制度执行的依据,所以节能工作标准是企业节能标准体系中一个重要的子体系。

由于国家、行业、地方节能标准针对的范围是比较广泛的,可能只有标准中的一部分要求适用于本企业,同时一些管理标准也偏于原则性,所以发挥这些标准对企业节能工作的作用,将这些标准转化为企业标准是关键的一个环节,也是企业节能标准体系发挥作用的关键环节。

例如,在GB/T 13466—2006《交流电气传动风机(泵类、空气压缩机) 系统经济运行通则》的4.4.2.1规定:"对风机(泵类、空气压缩机)系统应定期检测主要部位的压力、流量和温度等参数"。这是一个非常原则的要求,企业在转化该标准时应将其具体化,在企业工作标准中规定出检测的时间,记录的方式,谁负责检测记录等具体要求。

建立企业节能工作标准体系,除了将上层标准进行转化外,对一些上层标准没有涉及的节能工作环节要制定本企业的节能工作标准,使节能工作标准能够覆盖企业各个节能工作环节。建立企业节能工作标准体系的工作量较大,也比较艰巨,但通过转化和制定节能工作标准可以使企业的节能工作更加全面、更加系统、更加有的放矢。

建立企业节能工作标准体系,并不意味重新建立一个新的、独立的体系。应充分利用现有的企业工作标准,可将上层标准中的节能要求具体化后写入现有的工作标准中。当上层标准的节能要求没有所对应的工作标准时应制定新的节能工作标准。

在转化和制定工作标准时应在节能标准明细表中标明被采用或转化的国家、行业、地方节能标准号,以便当上层标准内容变化时,可对节能工作标准做及时的更正。

在节能工作标准中也可以同上面的结构一样，根据本企业的具体情况确定节能工作标准子体系中的具体结构内容。

> **4.4.4　节能标准体系结构的剪裁**
>
> 本标准给出的企业节能标准体系中不同类型的标准，企业可以根据实际情况做相应的剪裁。
>
> 附录B给出了某企业的节能标准体系示例。

【释义】

由于本标准是通则，适用于各种用能企业，要考虑到各种用能环节，本标准中规定的节能标准的类型就应尽量多一些、全一些。但在企业实际中，企业很可能不会包含本标准所列出的所有9个用能环节。为了体现本标准的灵活性，特规定了4.4.4，明确企业在建立企业节能标准体系时，要根据情况进行剪裁，删除没有的环节。在本标准附录B的例子中，就没有运输及贮存和能源原材料的节约两个环节。

第五节　企业节能标准体系的编制格式

> **5　企业节能标准体系的编制格式**
>
> **5.1　企业节能标准体系表的组成**
>
> 企业节能标准体系表由企业节能标准体系层次结构图和企业节能标准体系明细表组成。两者应相互关联，缺一不可。

【释义】

结构图和明细表是节能标准体系的必要要素，没有它们就够不成企业节能标准体系表。结构图形象地反映各类标准之间的纵向和横向关系，而明细表具体发挥着节能标准文件管理的作用，绘制节能标准体系层次结构图和编制节能标准明细表是建立企业标准体系的关键环节。

> **5.2　节能标准体系中标准的编号**
>
> 应按企业标准体系的编号方式在结构图中为每个层次和类别标准给出序列编号，每个序列编号代表一个层次和一个类别的标准，此编号同时又是节能标准体系明细表的标题编号。

【释义】

该要求是为在节能标准体系结构图与明细表之间建立对应的关系。在标准编号上应做到，一个标准一个号，并根据号码排列知道这个标准是在哪个层次上，属于哪个子系统，属于哪一类的标准。具体如何编，企业只要把握好以上两个原则，可以根据企业自身文件管理的规定或企业的实际情况来编，本标准不作具体规定。标准附录B中的B.1和B.2只是为了启发企业而给出的示例。

5.3 节能标准体系结构图

企业节能标准体系结构图形式应符合第 4 章的要求。

【释义】

本条款的含义是结合本企业的实际情况确定各子体系中标准的类型，划出节能标准体系的层次、子体系和子体系中所包含的标准类型。至于节能技术标准和节能管理标准子体系的具体结构是以能源使用环节为主，还是以节能标准性质为主，要看企业的具体情况。如果企业能源使用环节较多，建议就以能源使用环节为主，如果用能环节少就以标准性质为主，最好是将两种方式结合起来，针对某个用能环节的不同设备或设备系统，确定技术标准和管理标准。

5.4 节能标准明细表

企业节能标准明细表应与企业节能标准体系结构图中的标准类型相对应，按标准号大小依次编制。企业节能标准明细表格式见表 1。

表 1 ××（层次或类别标准的编号） 节能标准明细表

编号	标准代号	标准名称	级别	实施日期	被采用或转化的国际、国家、行业、地方节能标准号	应用状况	被代替标准号或作废	备注

【释义】

表 1 为节能标准明细表，共有 9 列：

第一列为编号，根据结构层次图所分的标准类别进行的编号，按标准号大小依次编制就是按这个编号的大小将各个标准写在明细表中。

第二列为标准代号，第三列为标准名称，这是标准的基本特征，从中可以了解标准是强制性的还是推荐性的，以及该标准对象的情况。

第四列为标准的级别，从而在明细标准中更清楚地反映标准是国家标准还是行业、地方或企业标准，在标准级别上，不排除在企业节能标准体系中包含国际标准。

第五列为标准的实施日期，通过实施日期，企业可以掌握该标准的生效时间，同时也可以了解该项标准已经使用的年限，对使用年限较长的上级标准，企业应注意该标准是否被修订，对使用年限较长的企业标准，企业应关注是否安排对它们进行修订的计划。

第六列是被采用或转化的国际、国家、行业、地方节能标准代号，它反映的是来自上层标准的信息。通过这个信息我们可以了解该标准的内容出自哪个更高等级的标准，若更高等级标准被修改时，企业也应注意这个标准的修订。

第七列是该标准的应用状况，也就是这个标准中的内容被转化到哪个企业标准或企业管理文件中了，它反映的是作用到下面的信息。如果该标准被修订，企业应对由它转化的标准或文件进行修订。

第八列是被代替标准号或作废，它反映的是该标准变化的情况，在修订前的是什么标准，现在是否已被作废。

第九列为备注，可以表明一些前面没有提到的信息。

第六节　各类节能基础标准、节能技术标准和节能管理标准示例

附录 A
(资料性附录)
各类节能基础标准、节能技术标准和节能管理标准示例

A.1　概述

该附录中所举例的标准包括国家标准、行业标准、地方标准和企业标准。所列类别和标准并非企业的全部类别和标准，也并非企业全部都需要的类别和标准。

A.2　节能基础标准的示例

企业节能基础标准体系中各类标准一般包括的标准：

a) 术语标准：GB/T 17781《技术能量系统　基本概念》、GB/T 6425《热分析术语》等；

b) 文字代号标准：GB/T 4270《技术文件用热工图形符号与文字代号》等；

c) 编码分类标准：QB/T 9457《耗能设备代码编制方法》、SY/T 6472《油田生产主要能耗定额的分类编制方法》等。

A.3　节能技术标准的示例

企业节能技术标准体系中各类标准一般包括的标准：

a) 节能设备标准：JG/T 7《延时节能照明开关通用技术条件》、JB/T 10356《流化床燃烧设备技术条件》、JB/T 10686《YX3 系列(IP55)高效率三相异步电动机　技术条件(机座号 80～355)》等；

b) 节能设计标准：DL/T 5153《火力发电厂厂用电设计技术规定》等；

c) 节能施工与安装标准：GBJ 126《工业设备及管道绝热工程施工及验收规范》等；

d) 节能测试与检验标准：GB/T 13338《工业燃料炉热平衡测定与计算基本规则》、GBJ 126《工业设备及管道绝热工程质量检验评定标准》等。

A.4　节能管理标准的示例

企业节能管理标准体系中各类标准一般包括的标准：

a) 能耗限额标准：GB 12935《焊条烘干炉运行能耗标准》、GB 21256《粗钢生产工序单位产品能源消耗限额》、GB 21249《锌冶炼企业单位产品能源消耗限额》等；

b) 节能监测标准：DB51/T 223《通风机节能监测规定》、SY/T 6275《石油企业节能监测综合评价方法》等；

c) 经济运行标准：GB/T 19065《电加热锅炉系统经济运行》、GB/T 12497《三相异步电动机经济运行》、GB/T 17981《空气调节系统经济运行》等；

d) 合理用能标准：GB/T 3486《评价企业合理用热技术导则》、GB/T 10201《热处理合理用电导则》等；

e) 综合评价标准：GB 8222《企业设备电能平衡通则》、GB/T 17166《企业能源审计技术通则》、GB/T 2589《综合能耗计算通则》等；

f) 产品和设备能效标准：GB 19573《高压钠灯能效限定值及能效等级》、GB 20052《三相配电变压器能效限定值及节能评价值》、GB 18613《中小型三相异步电动机能效限定值及能效等级》等；

g) 能源计量标准：GB/T 6422《企业能耗计量与测试导则》、GB 17167《用能单位能源计量器具配备和管理通则》等；

h) 能源统计标准：GB/T 16614《企业能量平衡统计方法》、QB/T 2254《原材料消耗统计和审核指南》等；

i) 节能计算标准：GB/T 13471《节电措施经济效益计算与评价方法》、GB/T 13234《企业节能量计算方法》等。

A.5 节能工作标准的示例

企业节能工作标准体系中各类标准一般包括的标准：

a) 重点耗能设备操作人员节能工作标准：QB/T 4135《重点耗能设备操作人员节能考核管理办法》、QB/T 4175《重点耗能设备操作规程》等；

b) 一般操作人员节能工作标准：QB/T 4251《能源测量操作规程》等；

c) 一般工作人员节能工作标准：QB/T 4371《办公用电考核管理办法》、QB/T 4355《工作人员节能奖惩管理办法》等。

【释义】

本标准的附录A是一个资料性的附录，该附录中的内容既不是规定，也不是要求，只是为了让读者更好的理解不同层次结构中所包含的具体标准，在该标准附录A中给出了按标准性质分类的1～3个标准的示例。

第七节　企业节能标准体系实例

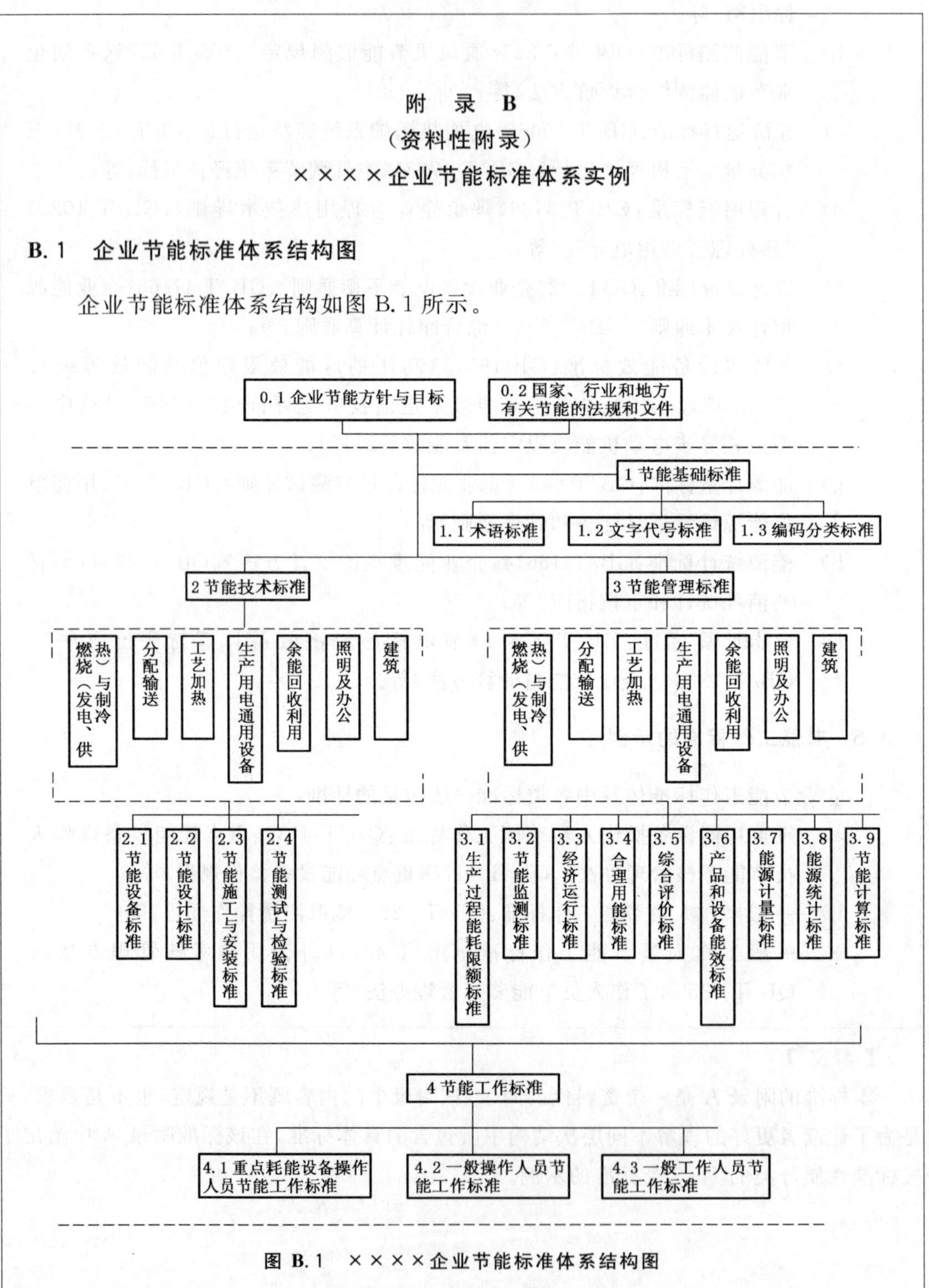

附　录　B

（资料性附录）

××××企业节能标准体系实例

B.1　企业节能标准体系结构图

企业节能标准体系结构如图 B.1 所示。

图 B.1　××××企业节能标准体系结构图

B.2 企业节能标准明细表

以设备能效标准为例(表B.1)。

表B.1 3.6产品和设备能效标准明细表

编号	标准代号	标准名称	级别	实施日期	被采用或转化的国际、国家、行业、地方节能标准号	应用状况	被代替标准号或作废	备注
3.6.1	GB 18613—2006	中小型三相异步电动机能效限定值及能效等级	国标	2007-7-1				
3.6.2	GB 19761—2005	通风机能效限定值及节能评价值	国标	2005-12-1				
3.6.3	GB 19762—2007	清水离心泵能效限定值及节能评价值	国标	2008-7-1				
3.6.4	GB 20052—2006	三相配电变压器能效限定值及节能评价值	国标	2006-7-1				
……	……	……	……	……	……	……	……	

【释义】

附录B也是资料性附录,是为使读者对企业节能标准体系有个整体的感性认识,以及对标准中一些规定的理解。比如在该例子中节能环节只有7个,其中“建筑”在标准的正文里没有规定。在这个企业中使用能源的种类较少,没有能源运输和贮存环节,也没有能源作为生产原材料的情况,所以就剪裁了这两个环节。由于该企业位于北方地区,建筑保温对企业的采暖用能影响较大,所以将建筑采暖与空调用能改为“建筑”,将企业建筑保暖和维护也纳入节能标准体系中。

第五章　节能标准的信息与收集

第一节　企业节能标准信息

一、节能标准信息与节能标准文献

节能标准信息是指在节能标准化工作范畴内，作为人们以口头、文献、实物等各种方式进行传递交流的科学知识。简言之，就是节能标准化工作范畴内的信息。

节能标准文献是节能标准信息的主体。它一般是指由节能技术标准、节能管理标准及其他具有节能标准性质的类似文件所组成的一种特种文献。

节能标准文献是在有关方面的合作下，按照规定程序编制并经主管机构批准，以特定形式发布，供一定范围内广泛而多次使用的，包括一整套在特定活动领域内必须执行的规格、规范、定额、规则等文件，因此，又称为节能标准文件。它要与现代节能科学技术和生产发展水平相适应，并且随着节能标准化对象的变化而不断补充、修订、更新换代。

因此，构成节能标准文献至少应具备三个条件：第一是节能标准化工作成果；第二是必须经过主管机关的批准认可而发布；第三是要随着节能科学技术和生产的发展不断更新换代，即不断地进行补充、修订或废止。

二、节能标准信息管理和作用

1. 节能标准信息管理

是指对节能标准文献和资料等进行有组织地、及时地收集、整理、保管、服务、研究等一系列活动的管理。

2. 节能标准信息管理的作用

节能标准信息管理是企业节能工作标准制定、修订的先行。围绕着制定标准和贯彻标准而展开的企业节能标准化工作，就是依靠节能标准文献来贯穿其整个过程的。

节能标准信息管理是制定节能标准化方针、政策等的依据。

节能标准信息管理是企业节能标准体系管理的基础，可以使企业节能标准体系管理活动统一化、制度化、科学化。

三、节能标准信息管理的特性

节能标准信息管理的特性是由标准化信息本身具有的特性决定的。标准化信息具有以下 6 个方面的特性。

1. 广泛性

标准化信息的来源十分广泛。广泛性包含两个方面，一方面，标准化涉及到科学技术、经济活动、社会生活的各个方面，各行各业；另一方面，标准化活动是整个世界范围的。

对于某个具体企业来说，凡与企业生产、经营、管理活动有关的标准化信息，企业都应关注。特别是对保护消费者利益和保护环境方面的标准化信息，企业更应重视，因为这些方面的标准化信息往往被企业所忽视。

2. 法规性

在我国强制性标准具有技术法规性质，是必须执行的。强制性标准分为国家标准、行业标准和地方标准三类，对企业具有同样的约束性。世界上许多国家（或地方）制定了大量的、具有技术标准性质的技术法规，也是强制执行的。因此，技术法规也是重要的标准化信息。各级强制性标准和国外技术法规是标准化信息的重点。即使推荐性标准，一旦被采用后，也具有法规性，必须认真执行。

3. 系统性

根据标准的系统效应原理，标准不是孤立地发挥作用，而是围绕一个目标形成标准体系，体系内的各项标准都对其目标发挥作用，以实现标准化的最佳效果。所以企业在收集标准化信息时，就要围绕其目标，全面、系统地收集有关标准化信息。

4. 时效性

标准化信息与其他信息的一个重要不同点，就是标准有严格的时效性。时效性是各类标准的共同特性。一项标准发布后，随着科学技术的进步，生产和管理水平的提高，需要不断修改、补充、代替、确认，有的被废止。所以在收集标准化信息时，注意有关信息的有效性是非常重要的。企业用了过时的作废的标准，会给企业造成损失。有的标准，常有修改通知单、补充修改单，企业也要注意收集，这些信息多刊载在标准化刊物上。

5. 服务性

企业标准化信息是为企业的生产、经营和管理服务的。因此，企业的标准化信息管理工作应以能满足企业对各级各类标准（包括本企业标准）的需要为目标，采取有效措施，加强标准化信息管理，将收集的标准信息及时通知到使用部门。

6. 适应性

任何一种标准，首先必须明确规定其适用范围、用途、对象以及有效期限。这对所有标准文献，无论其约束程度和使用范围如何，都是一致的。标准文献的主要描述对象，是具体的产品，也可以是科学、技术、文化、贸易及其他领域中多次使用的通用技术条件、规格、定额、规范、要求、方法、术语、符号等，实际上囊括了国民经济的各个领域。而每种标准文献均适用于特定的领域和部门，这一点是其他文献所没有的。

第二节　企业节能标准信息工作及其主要内容

一、节能标准文献的载体划分

节能标准文献按照载体形式划分，可分为印刷型、缩微型、电子型和声像型四类。

1. 印刷型文献，即传统的纸张印刷品。是目前一种主要的出版形式。其优点是便于阅读流传，不受时间、地点、条件的限制。

2. 缩微型文献，也称缩微复制品。在贮存和传递情报过程中，采用缩微技术，可节省空间，便于标准文献的保护存贮和处理。

3. 电子型文献，是指电子计算机可以阅读的资料。主要有电子网站、磁盘和U盘等。它是标准情报工作面向社会，高效能地为广大用户提供服务的必经之路。

4. 声像型文献，也称视听资料或直感资料。这种文献脱离了文字形式，用唱片、录像带、录音带、电影、幻灯片等直接记录声音和图像，使人闻其声、见其形，给人以直接感觉。这类资料对于科学观察、知识传播都能起到独特的作用。使用声像资料时，必须配备有相应的声像设备。

在上述四种形式中，电子型和声像型文献在整个科技文献构成中的比重正在日益增大，但在相当长的一段历史时期内，印刷型标准文献仍将占主导地位。

二、节能标准信息和文献的收集原则

节能标准文献是指记载、报道节能标准化的所有出版物。除了各类标准外，还包括标准分类资料、标准检索工具、标准化期刊、标准化专著、标准化主管机关文件、会议文件、标准化手册、定型图册等。狭义的节能标准文献是指节能技术标准、节能管理标准、节能工作标准及其他类似文件组成的一种特定的文献体系。

节能标准收集的目的在于提供使用。因此，节能标准的收集工作做得好与坏将直接关系到整个企业节能管理工作到位不到位和节能工作的效率，并为以后企业各项节能管理工作奠定坚实的基础。

节能标准的收集工作就是根据本单位节能工作的当前和长远需要，依照一定的原则、范围，通过采购等途径，有计划地、系统地收集标准的活动。节能标准收集工作要做到收集渠道畅通，交流传递迅速，收集的标准结构优化，适用性强，标准覆盖面全。节能标准收集的作用就是让节能标准的使用者能够用最短的时间获得最新、最准、最适合的节能标准信息，并及时实施。

节能标准文献的收集原则有以下四个方面：

1. 目的性原则。由于企业生产工艺的不同，用能设备的不同，管理模式的不同，因而收藏节能标准文献的范围重点应有不同的特点和要求。

2. 系统性原则。节能标准信息的系统性是企业系统化组织节能生产的要求，因此，收集的标准应力求系统配套，版本齐全，要特别注意配套标准的收集，并做好后续收集工作。

3. 动态性原则。节能标准文献有很强的时效性，在收集过程中不仅要收集最新版本的标准，而且要特别注意标准修改单、补充单的及时收集，注意浏览国内外节能标准通报或期刊中有关节能标准修订、补充和作废的消息，以确保把现行有效的节能标准提供给使用部门。

4. 全面性原则。从纵向说，节能标准有国家、行业和地方等不同级别；从横向说，节能标准与企业各用能环节相关，必须采取措施保证收集齐全。同时还要注意收集引用标准，以保证每个标准的完整性。

三、节能标准信息收集的范围

由于不同类型的企业需要适用自己的节能标准信息和文献，根据上面标准收集的原则，不同行业、不同规模、不同管理模式的企业，在收集范围上应有所不同。比如石化行业，除收集各级标准化部门发布的节能标准文献和节能标准信息外，还要专门收集石化行业发布的节能标准文献和信息。总之，企业收集的节能标准范围要求齐全、系统，其收集范围是：

- 国家节能标准文献与信息；
- 行业节能标准文献与信息；
- 地方节能标准文献与信息；
- 有关的节能、标准化法律法规等；
- 与本行业有关的国际节能标准和国外先进节能标准等；
- 对外联系中所获得的标准化资料，国家、行业节能标准规划；
- 节能标准技术资料、节能标准宣贯资料、节能标准汇编等文献。

四、节能标准信息和文献的收集方法

节能标准化工作的开展，离不开节能标准文献。而标准文献浩若烟海，各国际标准组织、各国家各行业标准组织，一般都有自己的一套标准，而且在不断地推陈出新。如何在这么多的标准中，及时准确地搜集到所需要的节能标准信息，是标准化工作者的一项艰巨任务。

1. 传统方式下的节能标准信息搜集

节能标准信息的来源很多，标准化工作者可以从中掌握有关标准的出版动态信息和线索，根据实际情况搜集所需的节能标准。

在传统方式下，节能标准信息主要来自各种标准检索工具和出版物、各标准化组织机构。

（1）标准信息检索工具和出版物

标准信息检索工具和出版物主要有标准目录、标准化公报、通报、标准化杂志等。这些检索工具和出版物有固定名称，定期连续出版，具有连续性、报道及时、便于检索的特点。利用这些检索工具和出版物，标准化工作者可以及时掌握标准的出版、更新、废止及替代信息。

目前国内、国外很多标准都有其专门的标准检索工具和出版物。下面列举一些常用到的标准信息检索工具：

1）中国国家标准

主要的检索工具有《中华人民共和国国家标准目录及信息总汇》，由中国标准出版社出版，每年更新一次，收录了全部现行国家标准，并提供国家标准废止、替代对照目录和修改、更正、勘误信息，是一部比较权威的国家标准检索工具。此外还有《中国标准化》和《中国标准导报》两种刊物。《中国标准导报》每期刊登标准出版快讯，国家标准、行业标准废止及代替信息，以及 ISO、IEC 最新国际标准目录；《中国标准化》则独家刊发国家标准公告、行业标准公告和地方标准公告。

2）行业标准

主要的检索工具有中国标准出版社出版的《中华人民共和国行业标准目录》。一些标准信息工作做得较好的行业有自己专门的标准目录和刊物。这些行业标准目录和刊物提供各行业标准的最新目录和信息。如电力行业标准（DL）可在《国内外电力标准目录》、

《电力标准化与计量》和《电力标准化信息》等书刊中检索；机械行业标准(JB)可在《机械标准目录总览》和《机械工业标准化与质量》等书刊中检索。各单位可以根据自己的行业选择相应的检索工具和刊物。

3）国际、国外标准

国际、国外标准检索工具主要有各个标准化组织、协会编制的标准目录，如《ISO标准目录》、《美国国家标准目录》，这些目录是年度累积，每年出版一次，一般都是本国语种或英语，报道全部现行标准和作废标准。国内也出版了一些主要的国际、国外标准中文目录，如国家标准化管理委员会编制的《国际标准化组织标准目录》，中国标准出版社出版的《国际标准化组织标准目录》、《国际电工委员会标准目录》，中国标准情报中心编制的《英国标准目录》、《法国标准目录》、《国际标准目录》，还有中国技术监督情报中心编制的《美国国家标准目录》等，主要的刊物有中国标准研究中心主办的《世界标准信息》、《中国标准导报》。《世界标准信息》定期刊登国际标准化组织或国家、行业标准题录。《中国标准导报》每期刊登 ISO、IEC 最新国际标准目录。

(2) 标准化组织机构

标准化组织机构作为标准化工作的行政管理部门，可为社会提供全面准确的标准信息。一般企业可以向当地的省市技术监督局查询所需要的标准信息，一些行业标准还需向行业标准化机构查询。我国标准信息最权威的机构是国家标准馆，隶属于中国标准化研究院，它是面向全国的国家级标准文献服务中心，是国家科技图书文献中心标准分站点，也是全国最大的标准收藏中心。

(3) 书店、出版社

经营标准文献的书店和出版社一般会印制一些标准订购目录，从中也可以获取最新的标准信息。用户可以与这些书店和出版社联系订购或索取目录。如中国标准出版社在很多省市设有发行站，各个发行站不定期地发送各种标准订购目录。新华书店主办的《新华书目报·科技新书目》每期都有最新标准订购目录。

(4) 节能标准文本的获得

掌握了标准信息和出版动态，就可以根据需要搜集节能标准文本。一般来说，凡是公开发行的标准可以向出版社、书店、标准化机构采购，内部或密级标准可向主管单位、归口单位联系查阅复制，各省市出版的标准可通过各省市标准化行政主管部门如技术监督局、标准化研究所等联系购买。这些搜集方式各有优点，向出版社、书店采购，价格相对便宜，一般按原价加上邮寄费。但书店提供的标准品种较单一，多数都是近几年出版的。如果需要早些时候出版的标准，则很难提供。标准化机构如技术监督局、标准化研究院(所)和出版社作为专门的标准化管理、研究机构，标准文本馆藏丰富，不仅收集有最新出版的标准，早期出版的标准也有收藏；收集渠道广泛，很多标准化机构都与多个国内外标准组织有联系，即使馆藏没有的标准，他们也可以通过其他途径获得；服务周全，标准化机构可提供标准信息检索查询，文本复印、打印、邮寄、传真等服务，能够让用户在很短的时间获得所需要的标准文本。

那些对标准文献需求量较大的企业，除了从出版社和书店订购最新的标准文本外，还应当与本地区、本行业的标准化机构建立长期合作关系，获得他们提供的标准信息服务，满足企业对标准的需要。

2. 网络方式下节能标准信息的搜集

(1) 网上节能标准信息的搜集

传统的标准信息获取手段需要花费较多的时间和人力,影响工作效率。随着计算机网络技术的发展应用,互联网上的信息资源越来越丰富,标准信息资源也可以从互联网上获得。目前,有很多这样的网站,它们提供网上标准目录查询,网上标准订购,标准动态信息网上发布等。通过互联网获取标准信息方式,大大方便了标准信息搜集工作者,提高了工作效率,它的方便性和快捷性是传统的搜集方式所不能比拟的。

网上标准信息主要来自标准信息网站,如专门的标准信息服务网、标准化组织机构网站等。一般国内的标准信息服务网可以提供国内各种标准的动态信息,包括最新的国家和行业标准发布公告、废止及更新替代公告等,提供国内外各种标准信息查询。只要登录这些网站,用户可以随时查询所需要的标准,掌握最新的标准信息,不再需要翻阅一本本的检索工具和刊物。目前国内比较好的标准信息服务网站有中国标准服务网、中国标准咨询网、深圳标准信息服务网、上海标准化服务信息网、山东标准信息服务网、北京市质量技术监督局网站等。对于节能方面的标准信息,目前吉林省标准研究院开通了"吉林省节能减排技术标准信息服务平台",提供节能减排技术标准体系及系统全面的节能标准信息,是我国唯一一个专门的节能标准信息服务网站。这些网站由于本身馆藏资源和面向的用户群体的差异,提供的标准信息侧重点各有不同。有的侧重标准信息发布,有的侧重标准查询。侧重标准查询的网站,可提供全部国家、行业标准的查询,以及重要的国际、国外标准查询。

标准化组织机构的网站则是侧重提供有关本标准组织的新闻、信息发布和标准查询等。如中国标准化研究院、ISO 国际标准化组织、美国标准协会、英国标准协会等。国内的标准信息服务网站提供的国际、国外标准查询由于各自的标准题录库数据量大小有所差异,如果在国内的网站上找不到,就可以到这些网站上去查询,可获得所需要的信息。

(2) 网上节能标准文本的获得

互联网不仅让用户可以在网上查询标准信息,也可以通过网络获得标准文本。目前电子商务发展迅速,网上书店、网上商城随处可见。标准文本也可在网上订购,甚至在线全文阅读、下载、打印等。这种与标准信息查询结合起来的标准文本获取方式,使用户可随时查询、随时索取所需要的标准,节省了大量的时间和人力,大大提高了工作效率。

目前很多标准网站以及网上书店、网上出版社都提供标准的订购。一般说来,网上书店、网上出版社提供的网上标准订购,主要是偏重新出版的和常用的标准文本,种类较少。而专门的标准信息服务网站不仅提供种类齐全的标准查询和订购,有的还提供部分标准文献的全文网上阅读、打印、下载,是搜集标准文本的好帮手。从网上订购标准可以采取邮购方式,用户把所要订购标准的种类和数量提供给服务商,同时将所需费用汇入服务商指定的地址或账号。服务商收到汇款后就会将标准文本寄出。这种方式适合零星、小量的标准采购。对大量、长期的用户可以采取会员服务方式,用户交纳一定金额的入会费,成为会员,就可以享受会员服务。会员服务一般包括更加优惠的费用,全部标准题录信息的查询,在线阅读、打印部分标准等。另外用户还可交纳一定的预付款,以后的采购费用从预付款中扣除,省去了每次采购都要汇款的麻烦。

(3) 国内主要的标准信息服务网站简介

1) 国家标准化管理委员会主页

网址:http://www.sac.gov.cn/。主办单位:中国国家标准化管理委员会。特点:中国国家标准化管理委员会主页是我国标准化行政主管部门的官方网站,网站通常在第一时间内不定期地发布我国国家标准发布公告,网站最新动态也经常发布有关节能方面的标准信息。

2) 中国标准化研究院

网址:http://www.cnis.gov.cn/。主办单位:中国标准化研究院。特点:中国标准化研究院(以下简称"标准院")是国家质量监督检验检疫总局的直属事业单位,是我国从事标准化研究的国家级社会公益类科研机构。在该网站上可直接进入中国标准服务网或标准查询网,通过免费注册后,可以免费下载国家强制性标准。进入"资源与环境"后,可以获得国家节能标准和有关节能政策的最新动态。

3) 中国标准服务网

网址:http://www.cssn.net.cn/。主办单位:国家标准化管理委员会、中国标准化研究院,承办单位为中国标准化研究院国家标准馆。特点:中国标准服务网是世界标准服务网在中国的网站,号称目前中国最有权威性的标准化服务网络,拥有12多万册的标准文本和信息资料。开放的标准题录数据库有中国国家标准数据库、中国行业标准数据库以及十几种先进国际、外国标准数据库。中国国家标准数据直接从国家标准化管理委员会获取,国外标准数据从国外标准组织获取,确保信息的完整性和权威性。利用与国外信息机构的友好合作关系,及时得到国外标准的更新数据,保证标准信息的时效性。用户经过注册后可在线查询各类数据库的信息,若需要订购标准文本,则要预交经费,成为会员,享受标准文本邮寄、传真、电子文本加工和电子邮件传递等服务。

4) 吉林省节能减排技术标准信息服务平台(专业节能标准服务网站)

网址:http://jn.jlbzy.cn/。主办单位:吉林省标准研究院。特点:提供节能减排技术标准体系;并按照体系分类提供节能标准信息查询;提供节能标准简介、强制性节能标准文本查阅。企业可以通过平台提出节能标准需求,该网站可以为企业提供节能标准体系建设服务,是我国唯一一个专门的节能标准信息服务网站。

5) 深圳标准信息服务网

网址:http://www.standard.org.cn/ 。主办单位:深圳市技术监督情报协会。特点:号称国内最便捷的检索工具,国内最大的馆藏和畅通的国内外信息渠道,拥有65种国家和行业标准,20余种国际、先进国家和国外专业标准的标准文本,共计30余万件。除了提供全部标准题录信息查询外,还有部分标准可以在线全文阅读。此外,他们通过与国内外各大专业标准化组织、专业信息服务机构的密切联系和合作,建立获得各类国内外标准、技术文件的广泛渠道。利用这些资源和渠道,能够即时为客户提供各类技术标准和相关服务。网站采取会员制服务,免费注册的会员用户可以免费查询数十万条国内外标准题录信息,并且可在线发出标准订购单,会员用户可以网上查询,阅读全文,更可直接从网上订购标准,即时下载。另外,网站还提供标准更新服务。

6) 上海标准化服务信息网

网址:http://www.cnsis.info/。主办单位:上海市标准化研究院。特点:馆藏收录有完备的国际标准、国外先进标准、中国国家标准、行业标准和上海市地方标准等40多万件，及大量相关出版物。标准计量资料发行站是中国标准出版社、中国计量出版社在上海的归口单位，其标准出版物发行业务连续12年居全国标准图书发行总量第一。与国内外标准化主管部门建立了快捷、畅通的信息渠道和标准信息资源代理关系，可提供种类齐全、现行有效的标准信息或文本。用户经过注册后可以免费查询各种标准题录数据库的信息，并可在网上订购需要的标准文本，通过邮寄、快递、传真等多种传递方式送达用户。

7）其他标准服务网站及节能信息网站

- 山东标准信息服务网：http://www.stdinfo.org.cn/
- 安徽标准信息网：http://www.ahbz.gov.cn/
- 中国标准化协会：http://www.china-cas.org/chinese/index.php
- 广东标准信息服务网：http://www.gdsc.net.cn/
- 石油工业标准化信息网：http://www.petrostd.com/
- 通信标准与质量信息网：http://www.ptsn.net.cn/
- 北京市质量技术监督局网站：http://www.bjtsb.gov.cn/

五、节能标准信息和文献管理

1. 企业节能标准文献的构成

企业节能标准文献是围绕企业节能标准化工作所收集和编写的各类标准出版物及其特定形式的节能技术文献体系。它通常由下列各部分构成：

1）标准：这是企业标准文献的主体，包括：国际标准和国外先进标准、国家标准、行业标准、地方标准和企业标准。其出版形式主要有单行本、合订本、汇编本和电子出版物（光盘、软盘）；

2）定期出版物：包括各类标准目录、标准化期刊、标准通报、标准年鉴等；

3）标准化专著：指论述标准化理论和实践的各类专题著作、培训讲义、论文汇编、标准宣贯资料等；

4）标准手册与图册：例如常用基础标准手册、设计标准手册、材料标准手册等；

5）标准化工作档案：指企业在编写、实施标准和标准化管理活动中形成的各种文字资料；

6）声像资料：标准化录像、录音磁带等。

2. 企业节能标准信息的规范化管理

（1）选择科学的标准分类法

为体现节能标准的针对性，根据标准的对象或标准专题内容归属，在国家标准GB/T 22336—2008《企业节能标准体系编制通则》中，将企业节能标准体系中的标准划为三个层次，四个子系统（节能基础标准、节能技术标准、节能管理标准和节能工作标准），这个分类体系可成为企业节能标准文献管理的技术基础和技术依据。节能标准体系标准明细表的标准编号，可直接用于节能标准文件管理，更有利于节能标准化、规范化的管理。

（2）标准文献的保管

文献资料经过整理加工之后，必须进行科学的组织管理。这项工作做得好坏，对节能标准文献在节能工作中的作用能不能得到充分的发挥都将产生直接的影响。因此，应做到布局合理、排检科学、使用方便、管理妥善。这样才能长期、完整地保管好文献并提高其利用率。

此外，为了保护好藏书免遭损失和过早损坏，以便充分发挥标准的作用，应该作好防火、防潮、防晒、防虫、防鼠、防尘以及防止其他一切物理、化学作用对文献资料的损害等工作。提高工作人员的责任感和基本训练，严格规章制度，对标准的管理也是很重要的。

(3) 标准文献的更改、代替与抽出作废

这是节能标准文献管理工作的独特之处，节能标准随着节能技术和节能政策的发展需要适时地进行修订、作废、更新换代。因此，必须根据节能标准的更改、代替、补充或作废的通知和报道，及时地抽出作废的标准，在标准明细表上作更改标记，附上修改单等。被代替和作废的旧资料应同现行有效标准分开。

应确保所收集节能标准资料的准确性和有效性，千万不能误将作废标准当现行标准加以收集，这种情况在企业中经常发生，造成该问题的主要原因是节能标准的信息不是来自标准的权威机构。由于标准时效性强，旧的标准很快被新的标准所代替，要求及时做好标准规范文献的替代补缺工作，以确保本企业用上最新节能标准。这是保证企业节能标准体系有效运行和确保企业贯彻实施有效标准的有力手段，也是衡量企业标准文献管理水平的一个重要标志。

(4) 节能标准信息的计算机管理

目前许多企业在不同程度上已做到了计算机文件管理，在节能标准文献管理中，利用数据库管理技术对于提高节能标准文献管理，提高节能标准化工作效率，提高节能标准文献信息收集和转化的能力都具有重要的意义。但是，要注意做好电子标准的管理工作，特别是要时刻防范计算机病毒的侵害。

(5) 节能标准信息的报道

报道节能标准信息可使企业相关人员及时了解节能标准的动态，从而及时、正确地用标准指导相关人员的节能工作。可以采用编写“企业节能标准目录”的方式 并发放给有关单位查阅，向有关人员报道新到节能标准文献情况。一般 3～6 个月编一次。

(6) 借阅与发放

企业应根据企业的文件管理制度，制定相应的节能标准文献借阅制度，明确借阅手续和发放范围，以便更好地发挥节能标准的作用。

附录 1

中华人民共和国节约能源法

（1997 年 11 月 1 日第八届全国人民代表大会
常务委员会第二十八次会议通过
2007 年 10 月 28 日第十届全国人民代表大会
常务委员会第三十次会议修订）

第一章　总　　则

第一条　为了推动全社会节约能源，提高能源利用效率，保护和改善环境，促进经济社会全面协调可持续发展，制定本法。

第二条　本法所称能源，是指煤炭、石油、天然气、生物质能和电力、热力以及其他直接或者通过加工、转换而取得有用能的各种资源。

第三条　本法所称节约能源（以下简称节能），是指加强用能管理，采取技术上可行、经济上合理以及环境和社会可以承受的措施，从能源生产到消费的各个环节，降低消耗、减少损失和污染物排放、制止浪费，有效、合理地利用能源。

第四条　节约资源是我国的基本国策。国家实施节约与开发并举、把节约放在首位的能源发展战略。

第五条　国务院和县级以上地方各级人民政府应当将节能工作纳入国民经济和社会发展规划、年度计划，并组织编制和实施节能中长期专项规划、年度节能计划。

国务院和县级以上地方各级人民政府每年向本级人民代表大会或者其常务委员会报告节能工作。

第六条　国家实行节能目标责任制和节能考核评价制度，将节能目标完成情况作为对地方人民政府及其负责人考核评价的内容。

省、自治区、直辖市人民政府每年向国务院报告节能目标责任的履行情况。

第七条　国家实行有利于节能和环境保护的产业政策，限制发展高耗能、高污染行业，发展节能环保型产业。

国务院和省、自治区、直辖市人民政府应当加强节能工作，合理调整产业结构、企业结构、产品结构和能源消费结构，推动企业降低单位产值能耗和单位产品能耗，淘汰落后的生产能力，改进能源的开发、加工、转换、输送、储存和供应，提高能源利用效率。

国家鼓励、支持开发和利用新能源、可再生能源。

第八条　国家鼓励、支持节能科学技术的研究、开发、示范和推广，促进节能技术创新与进步。

国家开展节能宣传和教育，将节能知识纳入国民教育和培训体系，普及节能科学知识，增强全民的节能意识，提倡节约型的消费方式。

第九条 任何单位和个人都应当依法履行节能义务,有权检举浪费能源的行为。

新闻媒体应当宣传节能法律、法规和政策,发挥舆论监督作用。

第十条 国务院管理节能工作的部门主管全国的节能监督管理工作。国务院有关部门在各自的职责范围内负责节能监督管理工作,并接受国务院管理节能工作的部门的指导。

县级以上地方各级人民政府管理节能工作的部门负责本行政区域内的节能监督管理工作。县级以上地方各级人民政府有关部门在各自的职责范围内负责节能监督管理工作,并接受同级管理节能工作的部门的指导。

第二章 节 能 管 理

第十一条 国务院和县级以上地方各级人民政府应当加强对节能工作的领导,部署、协调、监督、检查、推动节能工作。

第十二条 县级以上人民政府管理节能工作的部门和有关部门应当在各自的职责范围内,加强对节能法律、法规和节能标准执行情况的监督检查,依法查处违法用能行为。

履行节能监督管理职责不得向监督管理对象收取费用。

第十三条 国务院标准化主管部门和国务院有关部门依法组织制定并适时修订有关节能的国家标准、行业标准,建立健全节能标准体系。

国务院标准化主管部门会同国务院管理节能工作的部门和国务院有关部门制定强制性的用能产品、设备能源效率标准和生产过程中耗能高的产品的单位产品能耗限额标准。

国家鼓励企业制定严于国家标准、行业标准的企业节能标准。

省、自治区、直辖市制定严于强制性国家标准、行业标准的地方节能标准,由省、自治区、直辖市人民政府报经国务院批准;本法另有规定的除外。

第十四条 建筑节能的国家标准、行业标准由国务院建设主管部门组织制定,并依照法定程序发布。

省、自治区、直辖市人民政府建设主管部门可以根据本地实际情况,制定严于国家标准或者行业标准的地方建筑节能标准,并报国务院标准化主管部门和国务院建设主管部门备案。

第十五条 国家实行固定资产投资项目节能评估和审查制度。不符合强制性节能标准的项目,依法负责项目审批或者核准的机关不得批准或者核准建设;建设单位不得开工建设;已经建成的,不得投入生产、使用。具体办法由国务院管理节能工作的部门会同国务院有关部门制定。

第十六条 国家对落后的耗能过高的用能产品、设备和生产工艺实行淘汰制度。淘汰的用能产品、设备、生产工艺的目录和实施办法,由国务院管理节能工作的部门会同国务院有关部门制定并公布。

生产过程中耗能高的产品的生产单位,应当执行单位产品能耗限额标准。对超过单位产品能耗限额标准用能的生产单位,由管理节能工作的部门按照国务院规定的权限责令限期治理。

对高耗能的特种设备,按照国务院的规定实行节能审查和监管。

第十七条 禁止生产、进口、销售国家明令淘汰或者不符合强制性能源效率标准的用能产品、设备;禁止使用国家明令淘汰的用能设备、生产工艺。

第十八条 国家对家用电器等使用面广、耗能量大的用能产品,实行能源效率标识管理。实行能源效率标识管理的产品目录和实施办法,由国务院管理节能工作的部门会同国务院产品质量监督部门制定并公布。

第十九条 生产者和进口商应当对列入国家能源效率标识管理产品目录的用能产品标注能源效率标识,在产品包装物上或者说明书中予以说明,并按照规定报国务院产品质量监督部门和国务院管理节能工作的部门共同授权的机构备案。

生产者和进口商应当对其标注的能源效率标识及相关信息的准确性负责。禁止销售应当标注而未标注能源效率标识的产品。

禁止伪造、冒用能源效率标识或者利用能源效率标识进行虚假宣传。

第二十条 用能产品的生产者、销售者,可以根据自愿原则,按照国家有关节能产品认证的规定,向经国务院认证认可监督管理部门认可的从事节能产品认证的机构提出节能产品认证申请;经认证合格后,取得节能产品认证证书,可以在用能产品或者其包装物上使用节能产品认证标志。

禁止使用伪造的节能产品认证标志或者冒用节能产品认证标志。

第二十一条 县级以上各级人民政府统计部门应当会同同级有关部门,建立健全能源统计制度,完善能源统计指标体系,改进和规范能源统计方法,确保能源统计数据真实、完整。

国务院统计部门会同国务院管理节能工作的部门,定期向社会公布各省、自治区、直辖市以及主要耗能行业的能源消费和节能情况等信息。

第二十二条 国家鼓励节能服务机构的发展,支持节能服务机构开展节能咨询、设计、评估、检测、审计、认证等服务。

国家支持节能服务机构开展节能知识宣传和节能技术培训,提供节能信息、节能示范和其他公益性节能服务。

第二十三条 国家鼓励行业协会在行业节能规划、节能标准的制定和实施、节能技术推广、能源消费统计、节能宣传培训和信息咨询等方面发挥作用。

第三章 合理使用与节约能源

第一节 一般规定

第二十四条 用能单位应当按照合理用能的原则,加强节能管理,制定并实施节能计划和节能技术措施,降低能源消耗。

第二十五条 用能单位应当建立节能目标责任制,对节能工作取得成绩的集体、个人给予奖励。

第二十六条 用能单位应当定期开展节能教育和岗位节能培训。

第二十七条 用能单位应当加强能源计量管理,按照规定配备和使用经依法检定合格的能源计量器具。

用能单位应当建立能源消费统计和能源利用状况分析制度,对各类能源的消费实行分类计量和统计,并确保能源消费统计数据真实、完整。

第二十八条 能源生产经营单位不得向本单位职工无偿提供能源。任何单位不得对能源消费实行包费制。

第二节 工业节能

第二十九条 国务院和省、自治区、直辖市人民政府推进能源资源优化开发利用和合理配置，推进有利于节能的行业结构调整，优化用能结构和企业布局。

第三十条 国务院管理节能工作的部门会同国务院有关部门制定电力、钢铁、有色金属、建材、石油加工、化工、煤炭等主要耗能行业的节能技术政策，推动企业节能技术改造。

第三十一条 国家鼓励工业企业采用高效、节能的电动机、锅炉、窑炉、风机、泵类等设备，采用热电联产、余热余压利用、洁净煤以及先进的用能监测和控制等技术。

第三十二条 电网企业应当按照国务院有关部门制定的节能发电调度管理的规定，安排清洁、高效和符合规定的热电联产、利用余热余压发电的机组以及其他符合资源综合利用规定的发电机组与电网并网运行，上网电价执行国家有关规定。

第三十三条 禁止新建不符合国家规定的燃煤发电机组、燃油发电机组和燃煤热电机组。

第三节 建筑节能

第三十四条 国务院建设主管部门负责全国建筑节能的监督管理工作。

县级以上地方各级人民政府建设主管部门负责本行政区域内建筑节能的监督管理工作。

县级以上地方各级人民政府建设主管部门会同同级管理节能工作的部门编制本行政区域内的建筑节能规划。建筑节能规划应当包括既有建筑节能改造计划。

第三十五条 建筑工程的建设、设计、施工和监理单位应当遵守建筑节能标准。

不符合建筑节能标准的建筑工程，建设主管部门不得批准开工建设；已经开工建设的，应当责令停止施工、限期改正；已经建成的，不得销售或者使用。

建设主管部门应当加强对在建建筑工程执行建筑节能标准情况的监督检查。

第三十六条 房地产开发企业在销售房屋时，应当向购买人明示所售房屋的节能措施、保温工程保修期等信息，在房屋买卖合同、质量保证书和使用说明书中载明，并对其真实性、准确性负责。

第三十七条 使用空调采暖、制冷的公共建筑应当实行室内温度控制制度。具体办法由国务院建设主管部门制定。

第三十八条 国家采取措施，对实行集中供热的建筑分步骤实行供热分户计量、按照用热量收费的制度。新建建筑或者对既有建筑进行节能改造，应当按照规定安装用热计量装置、室内温度调控装置和供热系统调控装置。具体办法由国务院建设主管部门会同国务院有关部门制定。

第三十九条 县级以上地方各级人民政府有关部门应当加强城市节约用电管理，严格控制公用设施和大型建筑物装饰性景观照明的能耗。

第四十条 国家鼓励在新建建筑和既有建筑节能改造中使用新型墙体材料等节能建筑材料和节能设备，安装和使用太阳能等可再生能源利用系统。

第四节　交通运输节能

第四十一条　国务院有关交通运输主管部门按照各自的职责负责全国交通运输相关领域的节能监督管理工作。

国务院有关交通运输主管部门会同国务院管理节能工作的部门分别制定相关领域的节能规划。

第四十二条　国务院及其有关部门指导、促进各种交通运输方式协调发展和有效衔接，优化交通运输结构，建设节能型综合交通运输体系。

第四十三条　县级以上地方各级人民政府应当优先发展公共交通，加大对公共交通的投入，完善公共交通服务体系，鼓励利用公共交通工具出行；鼓励使用非机动交通工具出行。

第四十四条　国务院有关交通运输主管部门应当加强交通运输组织管理，引导道路、水路、航空运输企业提高运输组织化程度和集约化水平，提高能源利用效率。

第四十五条　国家鼓励开发、生产、使用节能环保型汽车、摩托车、铁路机车车辆、船舶和其他交通运输工具，实行老旧交通运输工具的报废、更新制度。

国家鼓励开发和推广应用交通运输工具使用的清洁燃料、石油替代燃料。

第四十六条　国务院有关部门制定交通运输营运车船的燃料消耗量限值标准；不符合标准的，不得用于营运。

国务院有关交通运输主管部门应当加强对交通运输营运车船燃料消耗检测的监督管理。

第五节　公共机构节能

第四十七条　公共机构应当厉行节约，杜绝浪费，带头使用节能产品、设备，提高能源利用效率。

本法所称公共机构，是指全部或者部分使用财政性资金的国家机关、事业单位和团体组织。

第四十八条　国务院和县级以上地方各级人民政府管理机关事务工作的机构会同同级有关部门制定和组织实施本级公共机构节能规划。公共机构节能规划应当包括公共机构既有建筑节能改造计划。

第四十九条　公共机构应当制定年度节能目标和实施方案，加强能源消费计量和监测管理，向本级人民政府管理机关事务工作的机构报送上年度的能源消费状况报告。

国务院和县级以上地方各级人民政府管理机关事务工作的机构会同同级有关部门按照管理权限，制定本级公共机构的能源消耗定额，财政部门根据该定额制定能源消耗支出标准。

第五十条　公共机构应当加强本单位用能系统管理，保证用能系统的运行符合国家相关标准。

公共机构应当按照规定进行能源审计，并根据能源审计结果采取提高能源利用效率的措施。

第五十一条　公共机构采购用能产品、设备，应当优先采购列入节能产品、设备政府采购名录中的产品、设备。禁止采购国家明令淘汰的用能产品、设备。

节能产品、设备政府采购名录由省级以上人民政府的政府采购监督管理部门会同同级有关部门制定并公布。

第六节　重点用能单位节能

第五十二条　国家加强对重点用能单位的节能管理。

下列用能单位为重点用能单位：

（一）年综合能源消费总量一万吨标准煤以上的用能单位；

（二）国务院有关部门或者省、自治区、直辖市人民政府管理节能工作的部门指定的年综合能源消费总量五千吨以上不满一万吨标准煤的用能单位。

重点用能单位节能管理办法，由国务院管理节能工作的部门会同国务院有关部门制定。

第五十三条　重点用能单位应当每年向管理节能工作的部门报送上年度的能源利用状况报告。能源利用状况包括能源消费情况、能源利用效率、节能目标完成情况和节能效益分析、节能措施等内容。

第五十四条　管理节能工作的部门应当对重点用能单位报送的能源利用状况报告进行审查。对节能管理制度不健全、节能措施不落实、能源利用效率低的重点用能单位，管理节能工作的部门应当开展现场调查，组织实施用能设备能源效率检测，责令实施能源审计，并提出书面整改要求，限期整改。

第五十五条　重点用能单位应当设立能源管理岗位，在具有节能专业知识、实际经验以及中级以上技术职称的人员中聘任能源管理负责人，并报管理节能工作的部门和有关部门备案。

能源管理负责人负责组织对本单位用能状况进行分析、评价，组织编写本单位能源利用状况报告，提出本单位节能工作的改进措施并组织实施。

能源管理负责人应当接受节能培训。

第四章　节能技术进步

第五十六条　国务院管理节能工作的部门会同国务院科技主管部门发布节能技术政策大纲，指导节能技术研究、开发和推广应用。

第五十七条　县级以上各级人民政府应当把节能技术研究开发作为政府科技投入的重点领域，支持科研单位和企业开展节能技术应用研究，制定节能标准，开发节能共性和关键技术，促进节能技术创新与成果转化。

第五十八条　国务院管理节能工作的部门会同国务院有关部门制定并公布节能技术、节能产品的推广目录，引导用能单位和个人使用先进的节能技术、节能产品。

国务院管理节能工作的部门会同国务院有关部门组织实施重大节能科研项目、节能示范项目、重点节能工程。

第五十九条　县级以上各级人民政府应当按照因地制宜、多能互补、综合利用、讲求效益的原则，加强农业和农村节能工作，增加对农业和农村节能技术、节能产品推广应用的资金投入。

农业、科技等有关主管部门应当支持、推广在农业生产、农产品加工储运等方面应用节能技术和节能产品，鼓励更新和淘汰高耗能的农业机械和渔业船舶。

国家鼓励、支持在农村大力发展沼气，推广生物质能、太阳能和风能等可再生能源利用技术，按照科学规划、有序开发的原则发展小型水力发电，推广节能型的农村住宅和炉灶等，鼓励利用非耕地种植能源植物，大力发展薪炭林等能源林。

第五章　激励措施

第六十条　中央财政和省级地方财政安排节能专项资金，支持节能技术研究开发、节能技术和产品的示范与推广、重点节能工程的实施、节能宣传培训、信息服务和表彰奖励等。

第六十一条　国家对生产、使用列入本法第五十八条规定的推广目录的需要支持的节能技术、节能产品，实行税收优惠等扶持政策。

国家通过财政补贴支持节能照明器具等节能产品的推广和使用。

第六十二条　国家实行有利于节约能源资源的税收政策，健全能源矿产资源有偿使用制度，促进能源资源的节约及其开采利用水平的提高。

第六十三条　国家运用税收等政策，鼓励先进节能技术、设备的进口，控制在生产过程中耗能高、污染重的产品的出口。

第六十四条　政府采购监督管理部门会同有关部门制定节能产品、设备政府采购名录，应当优先列入取得节能产品认证证书的产品、设备。

第六十五条　国家引导金融机构增加对节能项目的信贷支持，为符合条件的节能技术研究开发、节能产品生产以及节能技术改造等项目提供优惠贷款。

国家推动和引导社会有关方面加大对节能的资金投入，加快节能技术改造。

第六十六条　国家实行有利于节能的价格政策，引导用能单位和个人节能。

国家运用财税、价格等政策，支持推广电力需求侧管理、合同能源管理、节能自愿协议等节能办法。

国家实行峰谷分时电价、季节性电价、可中断负荷电价制度，鼓励电力用户合理调整用电负荷；对钢铁、有色金属、建材、化工和其他主要耗能行业的企业，分淘汰、限制、允许和鼓励类实行差别电价政策。

第六十七条　各级人民政府对在节能管理、节能科学技术研究和推广应用中有显著成绩以及检举严重浪费能源行为的单位和个人，给予表彰和奖励。

第六章　法律责任

第六十八条　负责审批或者核准固定资产投资项目的机关违反本法规定，对不符合强制性节能标准的项目予以批准或者核准建设的，对直接负责的主管人员和其他直接责任人员依法给予处分。

固定资产投资项目建设单位开工建设不符合强制性节能标准的项目或者将该项目投入生产、使用的，由管理节能工作的部门责令停止建设或者停止生产、使用，限期改造；不能改造或者逾期不改造的生产性项目，由管理节能工作的部门报请本级人民政府按照国务院规定的权限责令关闭。

第六十九条 生产、进口、销售国家明令淘汰的用能产品、设备的，使用伪造的节能产品认证标志或者冒用节能产品认证标志的，依照《中华人民共和国产品质量法》的规定处罚。

第七十条 生产、进口、销售不符合强制性能源效率标准的用能产品、设备的，由产品质量监督部门责令停止生产、进口、销售，没收违法生产、进口、销售的用能产品、设备和违法所得，并处违法所得一倍以上五倍以下罚款；情节严重的，由工商行政管理部门吊销营业执照。

第七十一条 使用国家明令淘汰的用能设备或者生产工艺的，由管理节能工作的部门责令停止使用，没收国家明令淘汰的用能设备；情节严重的，可以由管理节能工作的部门提出意见，报请本级人民政府按照国务院规定的权限责令停业整顿或者关闭。

第七十二条 生产单位超过单位产品能耗限额标准用能，情节严重，经限期治理逾期不治理或者没有达到治理要求的，可以由管理节能工作的部门提出意见，报请本级人民政府按照国务院规定的权限责令停业整顿或者关闭。

第七十三条 违反本法规定，应当标注能源效率标识而未标注的，由产品质量监督部门责令改正，处三万元以上五万元以下罚款。

违反本法规定，未办理能源效率标识备案，或者使用的能源效率标识不符合规定的，由产品质量监督部门责令限期改正；逾期不改正的，处一万元以上三万元以下罚款。

伪造、冒用能源效率标识或者利用能源效率标识进行虚假宣传的，由产品质量监督部门责令改正，处五万元以上十万元以下罚款；情节严重的，由工商行政管理部门吊销营业执照。

第七十四条 用能单位未按照规定配备、使用能源计量器具的，由产品质量监督部门责令限期改正；逾期不改正的，处一万元以上五万元以下罚款。

第七十五条 瞒报、伪造、篡改能源统计资料或者编造虚假能源统计数据的，依照《中华人民共和国统计法》的规定处罚。

第七十六条 从事节能咨询、设计、评估、检测、审计、认证等服务的机构提供虚假信息的，由管理节能工作的部门责令改正，没收违法所得，并处五万元以上十万元以下罚款。

第七十七条 违反本法规定，无偿向本单位职工提供能源或者对能源消费实行包费制的，由管理节能工作的部门责令限期改正；逾期不改正的，处五万元以上二十万元以下罚款。

第七十八条 电网企业未按照本法规定安排符合规定的热电联产和利用余热余压发电的机组与电网并网运行，或者未执行国家有关上网电价规定的，由国家电力监管机构责令改正；造成发电企业经济损失的，依法承担赔偿责任。

第七十九条 建设单位违反建筑节能标准的，由建设主管部门责令改正，处二十万元以上五十万元以下罚款。

设计单位、施工单位、监理单位违反建筑节能标准的，由建设主管部门责令改正，处十万元以上五十万元以下罚款；情节严重的，由颁发资质证书的部门降低资质等级或者吊销资质证书；造成损失的，依法承担赔偿责任。

第八十条 房地产开发企业违反本法规定，在销售房屋时未向购买人明示所售房屋的节能措施、保温工程保修期等信息的，由建设主管部门责令限期改正，逾期不改正的，处三万元以上五万元以下罚款；对以上信息作虚假宣传的，由建设主管部门责令改正，处五万元以上二十万元以下罚款。

第八十一条 公共机构采购用能产品、设备，未优先采购列入节能产品、设备政府采购名录中的产品、设备，或者采购国家明令淘汰的用能产品、设备的，由政府采购监督管理部门给予警告，可以并处罚款；对直接负责的主管人员和其他直接责任人员依法给予处分，并予通报。

第八十二条 重点用能单位未按照本法规定报送能源利用状况报告或者报告内容不实的，由管理节能工作的部门责令限期改正；逾期不改正的，处一万元以上五万元以下罚款。

第八十三条 重点用能单位无正当理由拒不落实本法第五十四条规定的整改要求或者整改没有达到要求的，由管理节能工作的部门处十万元以上三十万元以下罚款。

第八十四条 重点用能单位未按照本法规定设立能源管理岗位，聘任能源管理负责人，并报管理节能工作的部门和有关部门备案的，由管理节能工作的部门责令改正；拒不改正的，处一万元以上三万元以下罚款。

第八十五条 违反本法规定，构成犯罪的，依法追究刑事责任。

第八十六条 国家工作人员在节能管理工作中滥用职权、玩忽职守、徇私舞弊，构成犯罪的，依法追究刑事责任；尚不构成犯罪的，依法给予处分。

第七章 附 则

第八十七条 本法自2008年4月1日起施行。

附录 2

中华人民共和国标准化法

（1988 年 12 月 29 日第七届全国人民代表大会
常务委员会第五次会议通过）

第一章　总　　则

第一条　为了发展社会主义商品经济，促进技术进步，改进产品质量，提高社会经济效益，维护国家和人民的利益，使标准化工作适应社会主义现代化建设和发展对外经济关系的需要，制定本法。

第二条　对下列需要统一的技术要求，应当制定标准：

（一）工业产品的品种、规格、质量、等级或者安全、卫生要求。

（二）工业产品的设计、生产、检验、包装、储存、运输、使用的方法或者生产、储存、运输过程中的安全、卫生要求。

（三）有关环境保护的各项技术要求和检验方法。

（四）建设工程的设计、施工方法和安全要求。

（五）有关工业生产、工程建设和环境保护的技术术语、符号、代号和制图方法。

重要农产品和其他需要制定标准的项目，由国务院规定。

第三条　标准化工作的任务是制定标准、组织实施标准和对标准的实施进行监督。

标准化工作应当纳入国民经济和社会发展计划。

第四条　国家鼓励积极采用国际标准。

第五条　国务院标准化行政主管部门统一管理全国标准化工作。国务院有关行政主管部门分工管理本部门、本行业的标准化工作。

省、自治区、直辖市标准化行政主管部门统一管理本行政区域的标准化工作。省、自治区、直辖市政府有关行政主管部门分工管理本行政区域内本部门、本行业的标准化工作。

市、县标准化行政主管部门和有关行政主管部门，按照省、自治区、直辖市政府规定的各自的职责，管理本行政区域内的标准化工作。

第二章　标准的制定

第六条　对需要在全国范围内统一的技术要求，应当制定国家标准。国家标准由国务院标准化行政主管部门制定。对没有国家标准而又需要在全国某个行业范围内统一的技术要求，可以制定行业标准。行业标准由国务院有关行政主管部门制定，并报国务院标准化行政主管部门备案，在公布国家标准之后，该项行业标准即行废止。对没有国家标准和行业标准而又需要在省、自治区、直辖市范围内统一的工业产品的安全、卫生要求，可以制定地方标准。地方标准由省、自治区、直辖市标准化行政主管部门制定，并报国务院标准化行政主管部门和国务院有关行政主管部门备案，在公布国家标准或者行业标准之后，该项地方标准即行废止。

企业生产的产品没有国家标准和行业标准的，应当制定企业标准，作为组织生产的依据。企业的产品标准须报当地政府标准化行政主管部门和有关行政主管部门备案。已有国家标准或者行业标准的，国家鼓励企业制定严于国家标准或者行业标准的企业标准，在企业内部适用。

法律对标准的制定另有规定的，依照法律的规定执行。

第七条 国家标准、行业标准分为强制性标准和推荐性标准。保障人体健康，人身、财产安全的标准和法律、行政法规规定强制执行的标准是强制性标准，其他标准是推荐性标准。

省、自治区、直辖市标准化行政主管部门制定的工业产品的安全、卫生要求的地方标准，在本行政区域内是强制性标准。

第八条 制定标准应当有利于保障安全和人民的身体健康，保护消费者的利益，保护环境。

第九条 制定标准应当有利于合理利用国家资源，推广科学技术成果，提高经济效益，并符合使用要求，有利于产品的通用互换，做到技术上先进，经济上合理。

第十条 制定标准应当做到有关标准的协调配套。

第十一条 制定标准应当有利于促进对外经济技术合作和对外贸易。

第十二条 制定标准应当发挥行业协会、科学研究机构和学术团体的作用。

制定标准的部门应当组织由专家组成的标准化技术委员会，负责标准的草拟，参加标准草案的审查工作。

第十三条 标准实施后，制定标准的部门应当根据科学技术的发展和经济建设的需要适时进行复审，以确认现行标准继续有效或者予以修订、废止。

第三章 标准的实施

第十四条 强制性标准，必须执行。不符合强制性标准的产品，禁止生产、销售和进口。推荐性标准，国家鼓励企业自愿采用。

第十五条 企业对有国家标准或者行业标准的产品，可以向国务院标准化行政主管部门或者国务院标准化行政主管部门授权的部门申请产品质量认证。认证合格的，由认证部门授予认证证书，准许在产品或者其包装上使用规定的认证标志。

已经取得认证证书的产品不符合国家标准或者行业标准的，以及产品未经认证或者认证不合格的，不得使用认证标志出厂销售。

第十六条 出口产品的技术要求，依照合同的约定执行。

第十七条 企业研制新产品、改进产品，进行技术改造，应当符合标准化要求。

第十八条 县级以上政府标准化行政主管部门负责对标准的实施进行监督检查。

第十九条 县级以上政府标准化行政主管部门，可以根据需要设置检验机构，或者授权其他单位的检验机构，对产品是否符合标准进行检验。法律、行政法规对检验机构另有规定的，依照法律、行政法规的规定执行。

处理有关产品是否符合标准的争议，以前款规定的检验机构的检验数据为准。

第四章 法律责任

第二十条 生产、销售、进口不符合强制性标准的产品的，由法律、行政法规规定的行政主管部门依法处理，法律、行政法规未作规定的，由工商行政管理部门没收产品和违法所得，并处罚款；造成严重后果构成犯罪的，对直接责任人员依法追究刑事责任。

第二十一条 已经授予认证证书的产品不符合国家标准或者行业标准而使用认证标志出厂销售的，由标准化行政主管部门责令停止销售，并处罚款；情节严重的，由认证部门撤销其认证证书。

第二十二条 产品未经认证或者认证不合格而擅自使用认证标志出厂销售的，由标准化行政主管部门责令停止销售，并处罚款。

第二十三条 当事人对没收产品、没收违法所得和罚款的处罚不服的，可以在接到处罚通知之日起 15 日内，向作出处罚决定的机关的上一级机关申请复议；对复议决定不服的，可以在接到复议决定之日起 15 日内，向人民法院起诉。当事人也可以在接到处罚通知之日起 15 日内，直接向人民法院起诉。当事人逾期不申请复议或者不向人民法院起诉又不履行处罚决定的，由作出处罚决定的机关申请人民法院强制执行。

第二十四条 标准化工作的监督、检验、管理人员违法失职、徇私舞弊的，给予行政处分；构成犯罪的，依法追究刑事责任。

第五章 附 则

第二十五条 本法实施条例由国务院制定。

第二十六条 本法自 1989 年 4 月 1 日起施行。

附录 3

能源效率标识管理办法

（2004 年 8 月 13 日，国家发改委、
国家质检总局令第 17 号发布）

第一章　总　　则

第一条　为加强节能管理，推动节能技术进步，提高能源效率，依据《中华人民共和国节约能源法》、《中华人民共和国产品质量法》、《中华人民共和国认证认可条例》，制定本办法。

第二条　本办法所称能源效率标识，是指表示用能产品能源效率等级等性能指标的一种信息标识，属于产品符合性标志的范畴。

第三条　国家对节能潜力大、使用面广的用能产品实行统一的能源效率标识制度。国家制定并公布《中华人民共和国实行能源效率标识的产品目录》（以下简称《目录》），确定统一适用的产品能效标准、实施规则、能源效率标识样式和规格。

第四条　凡列入《目录》的产品，应当在产品或者产品最小包装的明显部位标注统一的能源效率标识，并在产品说明书中说明。

第五条　列入《目录》的产品的生产者或进口商应当在使用能源效率标识后，向国家质量监督检验检疫总局（以下简称国家质检总局）和国家发展和改革委员会（以下简称国家发展改革委）授权的机构（以下简称授权机构）备案能源效率标识及相关信息。

第六条　国家发展改革委、国家质检总局和国家认证认可监督管理委员会（以下简称国家认监委）负责能源效率标识制度的建立并组织实施。

地方各级人民政府节能管理部门（以下简称地方节能管理部门）、地方质量技术监督部门和各级出入境检验检疫机构（以下简称地方质检部门），在各自的职责范围内对所辖区域内能源效率标识的使用实施监督检查。

第二章　能源效率标识的实施

第七条　国家发展改革委、国家质检总局和国家认监委制定《目录》和实施规则。国家发展改革委和国家认监委制定和公布适用产品的统一的能源效率标识样式和规格。

第八条　能源效率标识的名称为“中国能效标识”（英文名称为 China Energy Label），能源效率标识应当包括以下基本内容：

（一）生产者名称或者简称；

（二）产品规格型号；

（三）能源效率等级；

（四）能源消耗量；

（五）执行的能源效率国家标准编号。

第九条 列入《目录》的产品的生产者或进口商，可以利用自身的检测能力，也可以委托国家确定的认可机构认可的检测机构进行检测，并依据能源效率国家标准，确定产品能源效率等级。

利用自身检测能力确定能源效率等级的生产者或进口商，其检测资源应当具备按照能源效率国家标准进行检测的基本能力，国家鼓励其实验室取得认可机构的国家认可。

第十条 生产者或进口商应当根据国家统一规定的能源效率标识样式、规格以及标注规定，印制和使用能源效率标识。

在产品包装物、说明书以及广告宣传中使用的能源效率标识，可按比例放大或者缩小，并清晰可辨。

第十一条 生产者或进口商应当自使用能源效率标识之日起30日内，向授权机构备案，可以通过信函、电报、电传、传真、电子邮件等方式提交以下材料：

（一）生产者营业执照或者登记注册证明复印件；进口商与境外生产者订立的相关合同副本；

（二）产品能源效率检测报告；

（三）能源效率标识样本；

（四）初始使用日期等其他有关材料；

（五）由代理人提交备案材料时，应有生产者或进口商的委托代理文件等。

上述材料应当真实、准确、完整。

外文材料应当附有中文译本，并以中文文本为准。

第十二条 能源效率标识内容发生变化，应当重新备案。

第十三条 对产品的能源效率指标发生争议时，企业应当委托经依法认定或者认可机构认可的第三方检测机构重新进行检测，并以其检测结果为准。

第十四条 授权机构应当定期公告备案信息，并对生产者和进口商使用的能源效率标识进行核验。

能源效率标识备案不收取费用。

第三章 监督管理

第十五条 生产者和进口商应当对其使用的能源效率标识信息准确性负责，不得伪造或冒用能源效率标识。

第十六条 销售者不得销售应当标注但未标注能源效率标识的产品，不得伪造或冒用能源效率标识。

第十七条 认可机构认可的检测机构接受生产者或进口商的委托进行检测，应当客观、公正，保证检测结果的准确，承担相应的法律责任，并保守受检产品的商业秘密。

第十八条 任何单位和个人不得利用能源效率标识对其用能产品进行虚假宣传，误导消费者。

第十九条 国家质检总局和国家发展改革委依据各自职责，对列入《目录》的产品进行检查，核实能源效率标识信息。

第二十条 列入《目录》的产品的生产者、销售者和进口商应当接受监督检查。

第二十一条 任何单位和个人对违反本办法的行为，可以向地方节能管理部门、地方质检部门举报。地方节能管理部门、地方质检部门应当及时调查处理，并为举报人保密。

第四章 罚 则

第二十二条 地方节能管理部门、地方质检部门依据《中华人民共和国节约能源法》的有关规定，在各自的职责范围内负责对违反本办法规定的行为进行处罚。

第二十三条 违反本办法规定，生产者或进口商应当标注统一的能源效率标识而未标注的，由地方节能管理部门或者地方质检部门责令限期改正，逾期未改正的予以通报。

第二十四条 违反本办法规定，有下列情形之一的，由地方节能管理部门或者地方质检部门责令限期改正和停止使用能源效率标识；情节严重的，由地方质检部门处 1 万元以下罚款：

（一）未办理能源效率标识备案的，或者应当办理变更手续而未办理的；

（二）使用的能源效率标识的样式和规格不符合规定要求的。

第二十五条 伪造、冒用、隐匿能源效率标识以及利用能源效率标识做虚假宣传、误导消费者的，由地方质检部门依照《中华人民共和国节约能源法》和《中华人民共和国产品质量法》以及其他法律法规的规定予以处罚。

第五章 附 则

第二十六条 本办法由国家发展改革委和国家质检总局负责解释。

第二十七条 本办法自 2005 年 3 月 1 日起施行。

附录 4

中国节能产品认证管理办法

（1999 年 2 月 11 日）

第一章 总 则

第一条 为节约能源、保护环境，有效开展节能产品的认证工作，保障节能产品的健康发展和市场公平竞争，促进节能产品的国际贸易，根据《中华人民共和国产品质量法》、《中华人民共和国产品质量认证管理条例》和《中华人民共和国节约能源法》，制定本办法。

第二条 本办法中所称的节能产品，是指符合与该种产品有关的质量、安全等方面的标准要求，在社会使用中与同类产品或完成相同功能的产品相比，它的效率或能耗指标相当于国际先进水平或达到接近国际水平的国内先进水平。

第三条 节能产品认证（以下简称认证）是依据相关的标准和技术要求，经节能产品认证机构确认并通过颁布节能产品认证证书和节能标志，证明某一产品为节能产品的活动。节能产品认证采用自愿的原则。

第四条 中华人民共和国境内企业和境外企业及其代理商（以下简称企业）均可向中国节能产品认证管理委员会（以下简称“管理委员会”）及中国节能产品认证中心（以下简称“中心”）自愿申请节能产品认证。

第五条 节能产品认证工作受国家经贸委的领导，接受国家质量技术监督局的管理以及全社会的监督。

第二章 认 证 条 件

第六条 申请认证的条件：

（一）中华人民共和国境内企业应持有工商行政主管部门颁发的《企业法人营业执照》，境外企业应持有有关机构的登记注册证明；

（二）生产企业的质量体系符合国家质量管理和质量保证标准及补充要求，或者外国申请人所在国等同采用 ISO 9000 系列标准及补充要求；

（三）产品属国家颁布的可开展节能产品认证的产品目录；

（四）产品符合国家颁布的节能产品认证用标准或技术要求；

（五）产品应注册，质量稳定，能正常批量生产，有足够的供货能力，具备售前、售后的优良服务和备品备件的保证供应，并能提供相应的证明材料。

第三章 认 证 程 序

第七条 申请认证的国内企业，应按管理委员会确定的认证范围和产品目录提出书面申请，按规定格式填写认证申请书，并按程序将申请书和需要的有关资料提交给中心；

境外企业或代理商均可向管理委员会或中心申请，其申请书及材料应有中英文对照。

第八条 中心经审查决定受理认证申请后，向企业发出《受理节能产品认证申请通知书》。企业应按照《节能产品认证收费管理办法》的有关规定，向中心交纳有关认证费用。

第九条 中心组织检查组，按程序对申请企业的质量体系进行现场检查。检查组应在规定时间内向中心提交《企业质量体系审核报告》。

第十条 对需要进行检验的产品，由中心指定的人员（或委托的检验机构）负责对申请认证的产品进行随机抽样和封样，由企业将封存的产品送指定的认证检验机构进行检验。必须在现场检验时，由检验机构派人到现场检验。

第十一条 检验机构应依据管理委员会确认的节能产品认证用标准或技术要求对样品进行检验，并在规定时间内向中心提交《产品检验报告》。

第十二条 中心将企业申请材料、质量体系审核报告、产品检验报告等进行汇总整理，然后提交给由中心成员、相关专家工作组的专家和管理委员会部分委员组成的认证评定组，评定组撰写综合评审意见，报中心主任审批。

第十三条 中心主任批准认证合格的产品，颁发认证证书，并准许使用节能标志。

中心负责将通过认证的产品及其生产企业名单报送国家经贸委和国家质量技术监督局备案，并向社会发布公告、进行宣传。

第十四条 对未通过认证的产品，由中心向企业发出认证不合格通知书，说明不合格原因。

第四章 认证证书和节能标志的使用

第十五条 通过认证的企业，在公告发布后两个月内，到中心签订认证证书和节能标志使用协议书，领取认证证书和节能标志。认证证书由中心印制并统一编号。

第十六条 认证证书和节能标志使用有效期为四年。有效期满，愿继续认证的企业应在有效期满前三个月重新提出认证申请，由中心按照认证程序进行评审，并可区别情况简化部分评审内容。不重新认证的企业不得继续使用认证证书和节能标志，或向中心申请注销认证证书。

第十七条 通过认证的企业，允许在认证的产品、包装、说明书、合格证及广告宣传中使用节能标志（节能标志管理办法另行规定）。

未参与认证或没有通过认证的企业的分厂、联营厂和附属厂均不得使用认证证书和节能标志。

第十八条 在认证证书有效期内，出现下列情况之一的，应当按照有关规定重新换证：

（一）使用新的商标名称；

（二）认证证书持有者变更；

（三）产品型号、规格变更，经确认仍能满足有关标准和技术要求。

第十九条 认证证书持有者必须建立节能标志使用制度，每年向中心报告节能标志的使用情况。

第五章 认证后的监督检查

第二十条 在认证证书有效期内，中心应定期或不定期地组织对通过认证的产品及其企业进行监督性抽查或检验，两次监督性抽查或检验之间的间隔最长不得超过十二个月。

第二十一条 在认证证书有效期内，凡有下列情况之一者，暂停企业使用认证证书和节能标志。

（一）监督检查时，发现通过认证的产品及其生产现状不符合认证要求；

（二）通过认证的产品在销售和使用中达不到认证时的各项技术经济指标；

（三）用户和消费者对通过认证的产品提出严重质量问题，并经查实的；

（四）认证证书或节能标志的使用不符合规定要求。

第二十二条 当认证证书持有者违反第二十一条时，中心向认证证书持有者发出《暂停使用认证证书和节能标志的通知书》，并令其限期整改，整改期限最长不超过半年。整改结束后，企业向中心提交整改报告和申请恢复使用认证证书。中心经复查合格后，向认证证书持有者发出《恢复使用认证证书和节能标志通知书》。增加的检查费用按实际支出由企业负担。

第二十三条 在认证证书有效期内，有下列情况之一者，由中心主任批准撤消认证证书，禁止使用节能标志，并向社会公告。

（一）经监督检查和检验判定通过认证的产品为不合格产品；

（二）整改期满不能达到整改目标；

（三）通过认证的产品质量严重下降，或出现重大质量问题，且造成严重后果；

（四）转让认证证书、节能标志或违反有关规定、损害节能标志的信誉；

（五）拒绝按规定缴纳年金；

（六）没有正当理由而拒绝监督检查。

被撤消认证证书的企业，自发出通知之日起一年内不得再次向中心提出认证申请。

第六章 罚 则

第二十四条 使用伪造的节能标志或冒用节能标志、转让节能标志的企业，按《中华人民共和国产品质量认证管理条例》第十九条和《中华人民共和国节约能源法》第四十八条的规定处罚。

第二十五条 通过认证的产品出厂销售时，其产品达不到认证时的各项技术经济指标的，生产企业应当负责包修、包换、包退，给用户或消费者造成经济损失或造成危害的，生产企业应当依法承担赔偿责任。

第七章 申诉与处理

第二十六条 有下列情况之一时，企业和用户可向中心、管理委员会提出申诉：

（一）符合认证条件要求，但认证机构不予受理申请；

（二）对检查、检验或暂停、撤消认证证书有异议；

（三）认证机构、检验机构或其工作人员有违纪行为；

（四）认证工作违章收费；

（五）用户对获证产品有异议。

第二十七条 申诉调查和处理工作一般由中心的申诉监理部组织进行。对处理结果有异议者可向管理委员会或国家质量技术监督局提出申诉。

第八章 附 则

第二十八条 认证收费遵循不营利原则，从申请认证的企业收取，具体收费办法及标准按照国家有关规定另行制定。

第二十九条 本办法经管理委员会全体会议讨论通过后，报国家质量技术监督局批准。

第三十条 本办法由管理委员会负责解释。

第三十一条 本办法自批准之日起生效。

附录 5

节能产品政府采购实施意见

（2004 年 12 月 17 日财库[2004]185 号）

为贯彻落实《国务院办公厅关于开展资源节约活动的通知》(国办发[2004]30 号)，发挥政府机构节能(含节水，下同)的表率作用，根据《中华人民共和国节约能源法》和《中华人民共和国政府采购法》，现就推行节能产品政府采购提出如下意见。

一、采购节能产品对于降低政府机构能源费用开支，节省财政资金，推动企业节能技术进步，扩大节能产品市场，提高全社会的资源忧患意识，节约能源，保护环境，实现经济社会可持续发展，具有十分重要的意义。各地区、各部门要高度重视，加强组织管理和监督，确保节能产品政府采购工作落到实处。

二、各级国家机关、事业单位和团体组织(以下统称“采购人”)用财政性资金进行采购的，应当优先采购节能产品，逐步淘汰低能效产品。

三、财政部、国家发展和改革委员会综合考虑政府采购改革进展和节能产品技术及市场成熟等情况，从国家认可的节能产品认证机构认证的节能产品中按类别确定实行政府采购的范围，并以“节能产品政府采购清单”(以下简称“节能清单”)的形式公布。

节能清单中新增节能认证产品，将由财政部、国家发展和改革委员会以文件形式确定、公布并适时调整。

四、中国政府采购网(http://www.ccgp.gov.cn/)、中国环境资源信息网(http://www.cern.gov.cn/)、中国节能节水认证网(http://www.cecp.org.cn/)为节能清单公告媒体。为确保上述信息的准确性，未经财政部、国家发展和改革委员会允许，不得转载。

五、节能清单中的产品有效时间以国家节能产品认证证书有效截止日期为准，超过认证证书有效截止日期的自动失效。

六、政府采购属于节能清单中产品时，在技术、服务等指标同等条件下，应当优先采购节能清单所列的节能产品。

七、在政府采购活动中，采购人应当在政府采购招标文件(含谈判文件、询价文件)中载明对产品的节能要求、合格产品的条件和节能产品优先采购的评审标准。

八、采购人或其委托的采购代理机构未按上述要求采购的，有关部门要按照有关法律、法规和规章予以处理，财政部门视情况可以拒付采购资金。

九、本意见采取积极稳妥、分步实施的办法，逐步扩大到全国范围。2005 年在中央一级预算单位和省级(含计划单列市)预算单位实行，2006 年扩大到中央二级预算单位和地市一级预算单位实行，2007 年全面实行。在实施中，各级政府和预算单位可以根据实际情况，提前执行本意见相关要求。

附录 6

能源标准化管理办法

（1990 年 9 月 6 日国家技术监督局令第 16 号发布）

第一条 为加强能源标准化的管理，根据《中华人民共和国标准化法》、《中华人民共和国标准化法实施条例》的有关规定，制定本办法。

第二条 能源标准化工作的基本任务，是对能源从开发到利用的各个环节制定所需要的能源标准，组织实施能源标准和对能源标准的实施进行监督，以达到合理开发、利用能源，提高社会经济效益的目的。

第三条 制定能源标准的主要方面是：

（一）能源的术语和图形符号；

（二）能源监测、检验、计算方法；

（三）能源产品和节能材料的质量、性能要求；

（四）耗能产品的用能要求；

（五）能源消耗定额；

（六）耗能设备及其系统的经济运行；

（七）能源产品和节能产品质量认证要求；

（八）能源开发、利用、管理的其他节能技术要求。

第四条 能源标准化所需经费，按有关规定纳入国家、地方和单位的财政预算，并在节能技措费中给予补助。

第五条 制定能源标准应当贯彻国家有关能源和标准化的方针、政策、法律、法规。符合先进、合理、可行的原则。

第六条 能源国家标准是需要在全国范围内统一的标准，由国务院标准化行政主管部门制定。能源行业标准是没有国家标准而又需要在全国某个行业范围内统一的标准，由国务院有关行政主管部门制定。企业能源标准是本企业生产、储运和使用各个有关环节进行能源考核与管理的规定，由企业制定。

法律、法规对制定地方标准另有规定的，依照法律、法规的规定执行。

第七条 能源标准分为强制性标准和推荐性标准。

国家需要统一控制的能源检测计算方法、能源消耗定额等，以及法律、法规规定强制执行的能源标准为强制性标准。其他能源标准为推荐性标准。

第八条 强制性能源标准，必须贯彻执行。

设计、生产、销售、进口不符合强制性标准的能源产品、节能材料和耗能设备，按《中华人民共和国标准化法实施条例》的有关规定处理。

第九条 企业生产的能源产品、节能材料和耗能设备可以向国务院标准化行政主管部门或者国务院标准化行政主管部门授权的部门申请质量认证。具体实施按国家有关产品质量认证管理的规定办理。

第十条 县级以上(含县级)人民政府标准化行政主管部门在本行政区域,负责对能源标准的实施进行监督检查。县级以上政府标准化行政主管部门,根据需要设置的能源监督检验机构或授权的具有检验能力的单位,承担能源标准实施监督检验工作。

第十一条 承担能源标准实施监督检验任务的检验机构,按标准化行政主管部门的安排,依据能源标准对有关单位贯彻执行能源标准的情况进行监督检验,被监督检验的单位,应如实提供样品和有关资料,并在现场测试手段和工作条件等方面提供方便,不得阻碍监督检验工作的进行。

第十二条 承担能源标准实施监督检验任务的机构和检验人员,必须分别经过国务院标准化行政主管部门和省、自治区、直辖市标准化行政主管部门考核合格。检验人员必须正确行使职权,坚持原则,秉公办事,保证检验结果的准确。

第十三条 违反本办法规定的,依照《中华人民共和国标准化法实施条例》的相应规定进行处罚。

第十四条 能源标准属于科技成果,对技术水平高、取得显著效益的能源标准,应纳入相应的科技进步奖励范围,予以奖励。

第十五条 本办法由国家技术监督局负责解释。

第十六条 本办法自发布之日起实施。

附录 7

节能项目节能量审核指南

（2008 年 3 月 14 日国家发改委、财政部印发）

一、适用范围

本指南适用于审核机构对节能项目（工程）进行的节能量审核工作。

二、审核依据

（一）《节能量确定和监测方法》（详见附件一）。

（二）有关法律法规、国家及行业标准和规范。

（三）节能项目相关材料。

三、审核原则和方法

（一）审核机构应当遵循客观独立、公平公正、诚实守信、实事求是的原则开展审核工作。

（二）审核机构应当采用文档查阅、现场观察、计量测试、分析计算、随机访问和座谈会等方法进行审核。

（三）审核机构应当保守受审核方的商业秘密，不得影响受审核方的正常生产经营活动。

四、审核内容

审核机构应围绕项目预计的节能量和项目完成后实际节能量进行审查与核实，主要审核内容包括项目基准能耗状况、项目实施后能耗状况、能源管理和计量体系、能耗泄漏四个方面：

（一）项目基准能耗状况

项目基准能耗状况指项目实施前规定时间段内，项目范围内所有用能环节的各种能源消耗情况。主要审核内容包括：

1. 项目工艺流程图。

2. 项目范围内各产品（工序）的产量统计记录（制成品、在制品、半成品等根据行业规定的折算方法确定）。

3. 项目能源消耗平衡表和能流图。

4. 项目范围内重点用能设备的运行记录（如动力车间抄表卡、记录簿、各车间用电及各种能源的记录簿等）。

5. 耗能工质消耗情况。

6. 项目能源输入输出和消耗台账，能源统计报表、财务账表以及各种原始凭证。

（二）项目实施后能耗状况

项目实施后能耗状况指项目完成并稳定运行后规定时间段内，项目范围内所有用能环节的各种能源消耗情况。主要审核内容包括：

1. 项目完成情况。

2. 其他审核内容参照项目基准能耗状况审核内容。

（三）能源管理和计量体系

能源管理和计量体系主要审核内容包括：

1. 受审核方能源管理组织结构、人员和制度。

2. 项目能源计量设备的配备率、完好率和周检率。

3. 能源输入输出的监测检验报告和主要用能设备的运行效率检测报告。

（四）能耗泄漏

能耗泄漏指节能措施对项目范围以外能耗产生的正面或负面影响，必要时还应考虑技术以外影响能耗的因素。主要审核内容包括：

1. 相关工序的基准能耗状况。

2. 项目实施后相关工序能耗状况变化。

五、审核程序

接受审核委托后，审核机构应按照一定的程序进行审核，主要步骤为审核准备、文件审查、基准能耗状况现场审核以及实际节能量现场审核。审核机构可以根据项目的实际情况对审核程序进行适当的调整。

（一）审核准备

根据节能量审核委托要求，组建审核组，并与受审核方就审核事宜建立初步联系。

（二）文件审查

对节能项目相关材料进行评审，分析受审核方采取的节能措施是否合理可行，并对受审核方预计的节能量进行初步校验，提出需要现场审核验证的问题。

（三）基准能耗状况现场审核

1. 现场审核准备

（1）编制审核计划，应包括审核目的、审核范围、现场审核的时间和地点、审核组成员等内容。

（2）审核组工作分工，根据审核员的专业背景、实践经验等，进行具体审核工作分配。

（3）准备工作文件，包括检查表、证据记录信息表格、会议记录等。

2. 现场审核实施

（1）宣布审核计划，向受审核方的有关人员介绍审核的目的和方式，明确审核范围和受审核方参加人员。

（2）收集和验证信息，收集与节能项目相关的信息并加以验证，并完整记录作为审核发现。对不符合内容，请受审核方作出解释。

（3）形成审核结论，审核人员就审核发现以及在审核过程中所收集的其他信息进行讨论，直至达成一致。

（四）实际节能量现场审核

项目完成且运行稳定后，受审核方提出审核申请，审核机构进行实际节能量现场审核，审核程序与基准能耗状况现场审核相同，将两次审核结果相比较，计算得出项目实际节能量。

（五）审核质量保证

为提高审核发现与结论的可靠性，审核人员在证据收集过程中，应遵循以下原则：

1. 多角度取证原则：对任何可能影响审核结论的证据，可采取数据追溯或计算检验等方法，从多个角度予以验证。

2. 交叉检查原则：如果存在多种确定节能量的方法，应进行交叉检查，提高审核发现和审核结论的可信度。

3. 外部评价原则：在无法进行实际观测或判断的情况下，可以借助客观第三方的评价，例如相关检测机构出具的检测报告等。

六、审核报告

（一）审核报告分为基准能耗审核报告和实际节能量审核报告。基准能耗审核报告主要是对项目实施前能耗状况、计量管理体系的真实有效性进行报告；实际节能量审核报告是对项目完成后实际节能量审核情况的报告。

（二）审核报告按统一要求和格式编写（样式详见附件二）。

（三）审核机构应按照节能量审核委托方的要求，按时提交审核报告，并报送有关部门。

（四）审核机构对审核报告的真实性负责，承担相应法律责任。

七、附则

本指南自发布之日起实施。

附件一：节能量确定和监测方法

附件二：节能量审核报告样式（略）

附件一

节能量确定和监测方法

一、适用范围

本方法适用于节能项目（以下简称项目）节能量的计算和监测。

二、节能量确定原则

（一）本方法所称的节能量是指项目正常稳定运行后，因用能系统的能源利用效率提高而形成的年能源节约量，不包括扩大生产能力、调整产品结构等途径产生的节能效果。若无特殊约定，比较期间为一年。

（二）节能量确定过程中应考虑节能措施对项目范围以外能耗产生的正面或负面影

响，必要时还应考虑技术以外影响能耗的因素，并对节能量加以修正。

（三）项目实际使用能源应以受审核方实际购入能源的测试数据为依据折算为标准煤，不能实测的可参考附表中推荐的折标系数进行折算。

（四）对利用废弃能源资源的节能项目（工程）（如余热余压利用项目等）的节能量，根据最终转化形成的可用能源量确定。

三、节能量确定方法

项目节能量等于项目范围内各产品（工序）实现的节能量之和扣除能耗泄漏。单个产品（工序）的节能量可通过计量监测直接获得，不能直接获得时，可以通过单位产量能耗的变化进行计算确定，步骤如下：

（一）确定单个产品（工序）节能量计算的范围

与此产品（工序）直接相关联的所有用能环节，即是单个产品（工序）节能量计算的范围。

（二）确定单个产品（工序）的基准综合能耗

项目实施前一年单个产品（工序）范围内的所有用能环节消耗的各种能源的总和（按规定方法折算为标准煤），即为此产品（工序）的基准综合能耗。如果前一年能耗不能准确反映该产品（工序）的正常能耗状况，则采用前三年的算术平均值。

（三）确定单个产品（工序）的基准产量

项目实施前一年内，单个产品（工序）范围内相关生产系统产出产品数量为此产品（工序）的基准产量。全部制成品、半成品和在制品均应依据国家统计局（行业）规定的产品产量统计计算方法，进行分类汇总。如果前一年产量不能准确反映该产品（工序）的正常产量，则采用前三年的算术平均值。

（四）计算单个产品（工序）的基准单耗

用项目实施前单个产品（工序）的基准综合能耗除以基准产量，计算出基准单耗。

（五）确定项目完成后单个产品（工序）的综合能耗、产量和单耗

按照相同方法，统计计算出项目完成后一年的单个产品（工序）的综合能耗、产量和单耗。

（六）计算单个产品（工序）节能量

项目实施前后单个产品（工序）单耗的差值与基准产量的乘积，为单个产品（工序）节能量。

（七）估算能耗泄漏

综合考虑其他因素对项目能消耗的影响及项目实施对项目范围以外的影响，估算出能耗泄漏（扣减或增加）。

（八）确定项目节能量

项目范围内各产品（工序）的节能量之和扣除能耗泄漏，得到项目所实现的节能量。

四、节能量监测方法

受审核方应建立与项目相适应的节能量监测体系、监测方法和计量统计的档案管理制度，以确保项目实施过程中和建成后，可以持续性地获取所有必要数据，且相关的数据计量统计能够被核查。

其中监测方法应符合 GB/T 15316《节能监测技术通则》的要求，监测设备应符合 GB 17167《用能单位能源计量器具配备和管理通则》的要求。

附表

各种能源折标准煤参考系数 能源名称	平均低位发热量	折标准煤系数
原煤	5 000 千卡/千克	0.714 3 千克标准煤/千克
洗精煤	6 300 千卡/千克	0.900 0 千克标准煤/千克
其他洗煤		
洗中煤	2 000 千卡/千克	0.285 7 千克标准煤/千克
煤泥	2 000～3 000 千卡/千克	0.285 7～0.428 6 千克标准煤/千克
焦炭	6 800 千卡/千克	0.971 4 千克标准煤/千克
原油	10 000 千卡/千克	1.428 6 千克标准煤/千克
燃料油	10 000 千卡/千克	1.428 6 千克标准煤/千克
汽油	10 300 千卡/千克	1.471 4 千克标准煤/千克
煤油	10 300 千卡/千克	1.471 4 千克标准煤/千克
柴油	10 200 千卡/千克	1.457 1 千克标准煤/千克
液化石油气	12 000 千卡/千克	1.714 3 千克标准煤/千克
炼厂干气	11 000 千卡/千克	1.571 4 千克标准煤/千克
天然气	9 310 千卡/米^3	1.330 0 千克标准煤/米^3
焦炉煤气	4 000～4 300 千卡/米^3	0.571 4～0.614 3 千克标准煤/米^3
其他煤气		
发生煤气	1 250 千卡/米^3	0.178 6 千克标准煤/米^3
重油催化裂解煤气	4 600 千卡/米^3	0.657 1 千克标准煤/米^3
重油热裂解煤气	8 500 千卡/米^3	1.214 3 千克标准煤/米^3
焦碳制气	3 900 千卡/米^3	0.557 1 千克标准煤/米^3
压力气化煤气	3 600 千卡/米^3	0.514 3 千克标准煤/米^3
水煤气	2 500 千卡/米^3	0.357 1 千克标准煤/米^3
炼焦油	8 000 千卡/千克	1.142 9 千克标准煤/千克
粗苯	10 000 千卡/千克	1.428 6 千克标准煤/千克
热力(当量)		0.034 12 千克标准煤/百万焦
电力(等价)		上年度国家统计局发布的发电煤耗

附录 8

关于公布节能节水专用设备企业所得税优惠目录(2008年版)和环境保护专用设备企业所得税优惠目录(2008年版)的通知

(财政部　国家税务总局　国家发展改革委
财税[2008]115号)

各省、自治区、直辖市、计划单列市财政厅(局)、国家税务局、地方税务局、发展改革委、经贸委(经委),新疆生产建设兵团财务局:

《节能节水专用设备企业所得税优惠目录(2008年版)》和《环境保护专用设备企业所得税优惠目录(2008年版)》,已经国务院批准,现予以公布,自2008年1月1日起施行。

附件:1. 节能节水专用设备企业所得税优惠目录(2008年版)
　　　2. 环境保护专用设备企业所得税优惠目录(2008年版)(略)

附件 1

节能节水专用设备企业所得税优惠目录(2008年版)

序号	设备类别	设备名称	性能参数	应用领域	能效标准
一、节能设备					
1	中小型三相电动机	节能中小型三相异步电动机	电压660 V及以下、额定功率0.55 kW～315 kW范围内,单速封闭扇冷式、N设计的一般用途、防爆电动机。效率指标不小于节能评价值	工业生产电力拖动	GB 18613—2002

续表

序号	设备类别	设备名称	性能参数	应用领域	能效标准
2	空气调节设备	能效等级1级的单元式空气调节机	名义制冷量大于7 000 W，能效比达到能效等级1级要求	工业制冷	GB 19576—2004
		能效等级1级的风管送风式空调（热泵）机组	能效比达到能效等级1级要求	工业制冷	GB 19576—2004
		能效等级1级的屋顶式空调（热泵）机组	制冷量为28～420 kW，能效比达到能效等级1级要求	工业制冷	GB 19576—2004
		能效等级1级的冷水机组	能效比达到能效等级1级要求	工业制冷	GB 19577—2004
		能效等级1级的房间空气调节器	名义制冷量小于等于14 000 W，能效比达到能效等级1级要求	工业制冷	GB 12021.3—2004
3	通风机	节能型离心通风机	效率达到节能评价值要求	工业生产传输	GB 19761—2005
		节能型轴流通风机	效率达到节能评价值要求	工业生产传输	
		节能型空调离心通风机	效率达到节能评价值要求	工业生产传输	
4	水泵	节能型单级清水离心泵	单级清水离心泵（单吸和双吸），效率达到节能评价值要求	工业生产传输	GB 19762—2005
		节能型多级清水离心泵	多级清水离心泵，效率达到节能评价值要求	工业生产传输	
5	空气压缩机	高效空气压缩机	输入比功率应不小于节能评价值的103%	工业生产	GB 19153—2003
6	变频器	高压大容量变频器	额定电压不超过10 kV，额定容量500 kVA以上	高压大功率电动机	
7	配电变压器	高效油浸式配电变压器	三相10 kV，无励磁调压额定容量30 kVA～1 600 kVA的油浸式，空载损耗和负载损耗应不大于节能评价值的36%	电力输配电	GB 20052—2006
		高效干式配电变压器	三相10 kV，无励磁调压，额定容量30 kVA～2 500 kVA干式配电变压器，空载损耗和负载损耗应不大于节能评价值的36%	电力输配电	

续表

序号	设备类别	设备名称	性能参数	应用领域	能效标准
8	高压电动机	节能型三相异步高压电动机	机座号 355～560,效率指标不小于节能评价值	工业生产电力拖动	
9	节电器	电机轻载节电器	额定电压不超过 10 kV、50/60 Hz,额定容量 500 kVA～2 500 kVA,节电率达到 30%以上	工业生产电力拖动	
10	交流接触器	永磁式交流接触器	1 000 V 及以下的电压:50 Hz 交流电源供电、额定电流 1 000 A 及以下的接触器。功耗小于 0.5 VA	电力控制	
11	用电过程优化控制器	配电系统节电设备	额定电压不超过 10 kV、50/60 Hz、额定容量不超过 2 500 kVA。采用微电脑实时控制。具有电压自动检测控制、时间＋电压控制、电压梯度控制模式,可根据不同的输入电压、不同时间及工艺要求进行过程能量优化控制的功能	工业生产及商用配电系统	
12	工业锅炉	热水锅炉	热效率在 GB/T 17954—2000 表 2 中一级指标的基础上再提高 5%	工业生产	GB/T 17954—2000
		蒸汽锅炉			
13	工业加热装置	铜锭感应加热炉	额定功率 1 600 kW,加热处理每吨铜锭,单耗电量从 250 kW·h/t降到 180 kW·h/t	铜加工业	GB 5959.3—1988 GB/T 10067.3—2005
		高阻抗电弧炉	容量 40T,熔炼每吨钢节能 20 kW·h/t,电极消耗降低 15%～20%	钢铁冶炼	GB 5959.2—1998 GB/T 10067.2—2005
14	节煤、节油、节气关键件	汽车电磁风扇离合器	不少于 3 级变速;第 2 级变速是柔性联接	汽车节能	QC/T 777—2007
二、节水设备					
15	洗衣机	工业洗衣机	单位洗涤容量用水量≤15 L/kg,洗净率＞35%	适用于商业用工业洗衣机(水洗机),不包括干洗机和隧道式洗涤机组	QB/T 2323—2004 工业洗衣机中 6.3.10,6.3.8 a)

续表

序号	设备类别	设备名称	性能参数	应用领域	能效标准
16	换热器	空冷式换热器	强度和密封性能： 经管束压力试验符合 GB/T 15386—1994 的要求	适用于设计压力≤35 MPa 的空冷式换热器。不适用于铝或其他有色金属制受压元件的空冷式换热器	GB/T 15386—1994 中 8.3
17	冷却塔	冷却塔	冷却能力：实测冷却能力与设计冷却能力的百分比≥95%； 飘水率：冷却水量≤1 000 m^3/h 的冷却塔不得有明显飘水现象，冷却水量＞1 000 m^3/h 的冷却塔飘水率＜0.01%	适用于用水冷却的冷却塔	GB/T 7190.1—1997 GB/T 7190.2—1997
18	灌溉机具	喷灌机	机械行业标准	农业、园林、林业灌溉	机械行业标准
		滴灌带(管)	铺设长度 80 m 以上，滴水均匀度＞90%，工作压力＞0.1 MPa，滴灌带能够承受 130 N(滴灌管能够承受 180 N)的拉力不破裂、不渗漏	适用于棉花、蔬菜、果树等经济作物的滴灌	

附录 9

国务院关于加强节能工作的决定

（2006 年 8 月 6 日国发[2006]28 号）

各省、自治区、直辖市人民政府，国务院各部委、各直属机构：

为深入贯彻科学发展观，落实节约资源基本国策，调动社会各方面力量进一步加强节能工作，加快建设节约型社会，实现“十一五”规划纲要提出的节能目标，促进经济社会发展切实转入全面协调可持续发展的轨道，特作如下决定：

一、充分认识加强节能工作的重要性和紧迫性

（一）必须把节能摆在更加突出的战略位置。我国人口众多，能源资源相对不足，人均拥有量远低于世界平均水平。由于我国正处在工业化和城镇化加快发展阶段，能源消耗强度较高，消费规模不断扩大，特别是高投入、高消耗、高污染的粗放型经济增长方式，加剧了能源供求矛盾和环境污染状况。能源问题已经成为制约经济和社会发展的重要因素，要从战略和全局的高度，充分认识做好能源工作的重要性，高度重视能源安全，实现能源的可持续发展。解决我国能源问题的根本出路是坚持开发与节约并举、节约优先的方针，大力推进节能降耗，提高能源利用效率。节能是缓解能源约束，减轻环境压力，保障经济安全，实现全面建设小康社会目标和可持续发展的必然选择，体现了科学发展观的本质要求，是一项长期的战略任务，必须摆在更加突出的战略位置。

（二）必须把节能工作作为当前的紧迫任务。近几年，由于经济增长方式转变滞后、高耗能行业增长过快，单位国内生产总值能耗上升，特别是今年上半年，能源消耗增长仍然快于经济增长，节能工作面临更大压力，形势十分严峻。各地区、各部门要充分认识加强节能工作的紧迫性，增强忧患意识和危机意识，增强历史责任感和使命感。要把节能工作作为当前的一项紧迫任务，列入各级政府重要议事日程，切实下大力气，采取强有力措施，确保实现“十一五”能源节约的目标，促进国民经济又快又好地发展。

二、用科学发展观统领节能工作

（三）指导思想。以邓小平理论和“三个代表”重要思想为指导，全面贯彻科学发展观，落实节约资源基本国策，以提高能源利用效率为核心，以转变经济增长方式、调整经济结构、加快技术进步为根本，强化全社会的节能意识，建立严格的管理制度，实行有效的激励政策，充分发挥市场配置资源的基础性作用，调动市场主体节能的自觉性，加快构建节约型的生产方式和消费模式，以能源的高效利用促进经济社会可持续发展。

（四）基本原则。坚持节能与发展相互促进，节能是为了更好地发展，实现科学发展必须节能；坚持开发与节约并举，节能优先，效率为本；坚持把节能作为转变经济增长方式

的主攻方向，从根本上改变高耗能、高污染的粗放型经济增长方式；坚持发挥市场机制作用与实施政府宏观调控相结合，努力营造有利于节能的体制环境、政策环境和市场环境；坚持源头控制与存量挖潜、依法管理与政策激励、突出重点与全面推进相结合。

（五）主要目标。到“十一五”期末，万元国内生产总值（按2005年价格计算）能耗下降到0.98吨标准煤，比“十五”期末降低20%左右，平均年节能率为4.4%。重点行业主要产品单位能耗总体达到或接近本世纪初国际先进水平。初步建立起与社会主义市场经济体制相适应的比较完善的节能法规和标准体系、政策保障体系、技术支撑体系、监督管理体系，形成市场主体自觉节能的机制。

三、加快构建节能型产业体系

（六）大力调整产业结构。各地区和有关部门要认真落实《国务院关于发布实施〈促进产业结构调整暂行规定〉的决定》（国发[2005]40号）要求，推动产业结构优化升级，促进经济增长由主要依靠工业带动和数量扩张带动，向三次产业协同带动和优化升级带动转变，立足节约能源推动发展。合理规划产业和地区布局，避免由于决策失误造成能源浪费。

（七）推动服务业加快发展。充分发挥服务业能耗低、污染少的优势，努力提高服务业在国民经济中的比重。要以专业化分工和提高社会效率为重点，积极发展生产服务业；以满足人们需求和方便群众生活为中心，提升生活服务业。大中城市要优先发展服务业，有条件的大中城市要逐步形成以服务经济为主的产业结构。

（八）积极调整工业结构。严格控制新开工高耗能项目，把能耗标准作为项目核准和备案的强制性门槛，遏制高耗能行业过快增长。对企业搬迁改造严格能耗准入管理。加快淘汰落后生产能力、工艺、技术和设备，不按期淘汰的企业，地方各级人民政府及有关部门要依法责令其停产或予以关闭，依法吊销排污许可证和停止供电，属实行生产许可证管理的，依法吊销生产许可证。积极推进企业联合重组，提高产业集中度和规模效益。

（九）优化用能结构。大力发展高效清洁能源。逐步减少原煤直接使用，提高煤炭用于发电的比重，发展煤炭气化和液化，提高转换效率。引导企业和居民合理用电。大力发展风能、太阳能、生物质能、地热能、水能等可再生能源和替代能源。

四、着力抓好重点领域节能

（十）强化工业节能。突出抓好钢铁、有色金属、煤炭、电力、石油石化、化工、建材等重点耗能行业和年耗能1万吨标准煤以上企业的节能工作，组织实施千家企业节能行动，推动企业积极调整产品结构，加快节能技术改造，降低能源消耗。

（十一）推进建筑节能。大力发展节能省地型建筑，推动新建住宅和公共建筑严格实施节能50%的设计标准，直辖市及有条件的地区要率先实施节能65%的标准。推动既有建筑的节能改造。大力发展新型墙体材料。

（十二）加强交通运输节能。积极推进节能型综合交通运输体系建设，加快发展铁路和内河运输，优先发展公共交通和轨道交通，加快淘汰老旧铁路机车、汽车、船舶，鼓励发展节能环保型交通工具，开发和推广车用代用燃料和清洁燃料汽车。

（十三）引导商业和民用节能。在公用设施、宾馆商厦、写字楼、居民住宅中推广采用高效节能办公设备、家用电器、照明产品等。

（十四）抓好农村节能。加快淘汰和更新高耗能落后农业机械和渔船装备，加快农业提水排灌机电设施更新改造，大力发展农村户用沼气和大中型畜禽养殖场沼气工程，推广省柴节煤灶，因地制宜发展小水电、风能、太阳能以及农作物秸秆气化集中供气系统。

（十五）推动政府机构节能。各级政府部门和领导干部要从自身做起、厉行节约，在节能工作中发挥表率作用。重点抓好政府机构建筑物和采暖、空调、照明系统节能改造以及办公设备节能，采取措施大力推动政府节能采购，稳步推进公务车改革。

五、大力推进节能技术进步

（十六）加快先进节能技术、产品研发和推广应用。各级人民政府要把节能作为政府科技投入、推进高技术产业化的重点领域，支持科研单位和企业开发高效节能工艺、技术和产品，优先支持拥有自主知识产权的节能共性和关键技术示范，增强自主创新能力，解决技术瓶颈。采取多种方式加快高效节能产品的推广应用。有条件的地方可对达到超前性国家能效标准、经过认证的节能产品给予适当的财政支持，引导消费者使用。落实产品质量国家免检制度，鼓励高效节能产品生产企业做大做强。有关部门要制定和发布节能技术政策，组织行业共性技术的推广。

（十七）全面实施重点节能工程。有关部门和地方人民政府及有关单位要认真组织落实“十一五”规划纲要提出的燃煤工业锅炉（窑炉）改造、区域热电联产、余热余压利用、节约和替代石油、电机系统节能、能量系统优化、建筑节能、绿色照明、政府机构节能以及节能监测和技术服务体系建设等十大重点节能工程。发展改革委要督促各地区、各有关部门和有关单位抓紧落实相关政策措施，确保工程配套资金到位，同时要会同有关部门切实做好重点工程、重大项目实施情况的监督检查。

（十八）培育节能服务体系。有关部门要抓紧研究制定加快节能服务体系建设的指导意见，促进各级各类节能技术服务机构转换机制、创新模式、拓宽领域，增强服务能力，提高服务水平。加快推行合同能源管理，推进企业节能技术改造。

（十九）加强国际交流与合作。积极引进国外先进节能技术和管理经验，广泛开展与国际组织、金融机构及有关国家和地区在节能领域的合作。

六、加大节能监督管理力度

（二十）健全节能法律法规和标准体系。抓紧做好修订《中华人民共和国节约能源法》的有关工作，进一步严格节能管理制度，明确节能执法主体，强化政策激励，加大惩戒力度。研究制订有关节能的配套法规。加快组织制定和完善主要耗能行业能耗准入标准、节能设计规范，制定和完善主要工业耗能设备、机动车、建筑、家用电器、照明产品等能效标准以及公共建筑用能设备运行标准。各地区要研究制定本地区主要耗能产品和大型公共建筑单位能耗限额。

（二十一）加强规划指导。各地区、各有关部门要根据“十一五”规划纲要，把实现能耗降低的约束性目标作为本地区、本部门“十一五”规划和有关专项规划的重要内容，明确目标、任务和政策措施，认真制定和实施本地区和行业的节能规划。

（二十二）建立节能目标责任制和评价考核体系。发展改革委要将“十一五”规划纲要确定的单位国内生产总值能耗降低目标分解落实到各省、自治区、直辖市，省级人民政府要将目标逐级分解落实到各市、县以及重点耗能企业，实行严格的目标责任制。统计局、发展改革委等部门每年要定期公布各地区能源消耗情况；省级人民政府要建立本地区能耗公报制度。要将能耗指标纳入各地经济社会发展综合评价和年度考核体系，作为地方各级人民政府领导班子和领导干部任期内贯彻落实科学发展观的重要考核内容，作为国有大中型企业负责人经营业绩的重要考核内容，实行节能工作问责制。发展改革委要会同有关部门抓紧制定实施办法。

（二十三）建立固定资产投资项目节能评估和审查制度。有关部门和地方人民政府要对固定资产投资项目（含新建、改建、扩建项目）进行节能评估和审查。对未进行节能审查或未能通过节能审查的项目一律不得审批、核准，从源头杜绝能源的浪费。对擅自批准项目建设的，要依法依规追究直接责任人的责任。发展改革委要会同有关部门制定固定资产投资项目节能评估和审查的具体办法。

（二十四）强化重点耗能企业节能管理。重点耗能企业要建立严格的节能管理制度和有效的激励机制，进一步调动广大职工节能降耗的积极性。要强化基础工作，配备专职人员，将节能降耗的目标和责任落实到车间、班组和个人，并加强监督检查。有关部门和地方各级人民政府要加强对重点耗能企业节能情况的跟踪、指导和监督，定期公布重点企业能源利用状况。其中，对实施千家企业节能行动的高耗能企业，发展改革委要与各相关省级人民政府和有关中央企业签订节能目标责任书，强化节能目标责任和考核。

（二十五）完善能效标识和节能产品认证制度。加快实施强制性能效标识制度，扩大能效标识在家用电器、电动机、汽车和建筑上的应用，不断提高能效标识的社会认知度，引导社会消费行为，促进企业加快高效节能产品的研发。推动自愿性节能产品认证，规范认证行为，扩展认证范围，推动建立国际协调互认。

（二十六）加强电力需求侧和电力调度管理。充分发挥电力需求侧管理的综合优势，优化城市、企业用电方案，推广应用高效节能技术，推进能效电厂建设，提高电能使用效率。改进发电调度规则，优先安排清洁能源发电，对燃煤火电机组进行优化调度，限制能耗高、污染重的低效机组发电，实现电力节能、环保和经济调度。

（二十七）控制室内空调温度。所有公共建筑内的单位，包括国家机关、社会团体、企事业组织和个体工商户，除特定用途外，夏季室内空调温度设置不低于26摄氏度，冬季室内空调温度设置不高于20摄氏度。有关部门要据此修订完善公共建筑室内温度有关标准，并加强监督检查。

（二十八）加大节能监督检查力度。有关部门和地方各级人民政府要加大节能工作的监督检查力度，重点检查高耗能企业及公共设施的用能情况、固定资产投资项目节能评估和审查情况、禁止淘汰设备异地再用情况，以及产品能效标准和标识、建筑节能设计标准、行业设计规范执行等情况。达不到建筑节能标准的建筑物不准开工建设和销售。严禁生产、销售和使用国家明令淘汰的高耗能产品。要严厉打击报废机动车和船舶等违法交易活动。节能主管部门和质量技术监督部门要加大监督检查和处罚力度，对违法行为要公开曝光。

七、建立健全节能保障机制

（二十九）深化能源价格改革。加强和改进电价管理，建立成本约束机制；完善电力分时电价办法，引导用户合理用电、节约用电；扩大差别电价实施范围，抑制高耗能产业盲目扩张，促进结构调整。落实石油综合配套调价方案，理顺国内成品油价格。继续推进天然气价格改革，建立天然气与可替代能源的价格挂钩和动态调整机制。全面推进煤炭价格市场化改革。研究制定能耗超限额加价的政策。

（三十）加大政府对节能的支持力度。各级人民政府要对节能技术与产品推广、示范试点、宣传培训、信息服务和表彰奖励等工作给予支持，所需节能经费纳入各级人民政府财政预算。“十一五”期间，国家每年安排一定的资金，用于支持节能重大项目、示范项目及高效节能产品的推广。

（三十一）实行节能税收优惠政策。发展改革委要会同有关部门抓紧制定《节能产品目录》，对生产和使用列入《节能产品目录》的产品，财政部、税务总局要会同有关部门抓紧研究提出具体的税收优惠政策，报国务院审批。严格实施控制高耗能、高污染、资源性产品出口的政策措施。研究建立促进能源节约的燃油税收制度，以及控制高耗能加工贸易和抑制不合理能源消费的有关税收政策。抓紧研究并适时实施不同种类能源矿产资源计税方法改革方案。根据资源条件和市场变化情况，适当提高有关资源税征收标准。

（三十二）拓宽节能融资渠道。各类金融机构要切实加大对节能项目的信贷支持力度，推动和引导社会各方面加强对节能的资金投入。要鼓励企业通过市场直接融资，加快进行节能降耗技术改造。

（三十三）推进城镇供热体制改革。加快城镇供热商品化、货币化，将采暖补贴由“暗补”变“明补”，加强供热计量，推进按用热量计量收费制度。完善供热价格形成机制，有关部门要抓紧研究制定建筑供热采暖按热量收费的政策，培育有利于节能的供热市场。

（三十四）实行节能奖励制度。各地区、各部门对在节能管理、节能科学技术研究和推广工作中做出显著成绩的单位及个人要给予表彰和奖励。能源生产经营单位和用能单位要制定科学合理的节能奖励办法，结合本单位的实际情况，对节能工作中作出贡献的集体、个人给予表彰和奖励，节能奖励计入工资总额。

八、加强节能管理队伍建设和基础工作

（三十五）加强节能管理队伍建设。各级人民政府要加强节能管理队伍建设，充实节能管理力量，完善节能监督体系，强化对本行政区域内节能工作的监督管理和日常监察（监测）工作，依法开展节能执法和监察（监测）。在整合现有相关机构的基础上，组建国家节能中心，开展政策研究、固定资产投资项目节能评估、技术推广、宣传培训、信息咨询、国际交流与合作等工作。

（三十六）加强能源统计和计量管理。各级人民政府要为统计部门依法行使节能统计调查、统计执法和数据发布等提供必要的工作保障。各级统计部门要切实加强能源统计，充实必要的人员，完善统计制度，改进统计方法，建立能够反映各地区能耗水平、节能目标责任和评价考核制度的节能统计体系。要强化对单位国内（地区）生产总值能耗指标的审核，确保统计数据准确、及时。各级质量技术监督部门要督促企业合理配备能源计量

器具，加强能源计量管理。

（三十七）加大节能宣传、教育和培训力度。新闻出版、广播影视、文化等部门和有关社会团体要组织开展形式多样的节能宣传活动，广泛宣传我国的能源形势和节能的重要意义，弘扬节能先进典型，曝光浪费行为，引导合理消费。教育部门要将节能知识纳入基础教育、高等教育、职业教育培训体系。各级工会、共青团组织要重视和加强对广大职工特别是青年职工的节能教育，广泛开展节能合理化建议活动。有关行业协会要协助政府做好行业节能管理、技术推广、宣传培训、信息咨询和行业统计等工作。各级科协组织要围绕节能开展系列科普活动。要认真组织开展一年一度的全国节能宣传周活动，加强经常性的节能宣传和培训。要动员全社会节能，在全社会倡导健康、文明、节俭、适度的消费理念，用节约型的消费理念引导消费方式的变革。要大力倡导节约风尚，使节能成为每个公民的良好习惯和自觉行动。

九、加强组织领导

（三十八）切实加强节能工作的组织领导。各省、自治区、直辖市人民政府和各有关部门要按照本决定的精神，努力抓好落实。省级人民政府要对本地区节能工作负总责，把节能工作纳入政府重要议事日程，主要领导要亲自抓，并建立相应的协调机制，明确相关部门的责任和分工，确保责任到位、措施到位、投入到位。省级人民政府、国务院有关部门要在本决定下发后2个月内提出本地区、本行业节能工作实施方案报国务院；中央企业要在本决定下发后2个月内提出本企业节能工作实施方案，由国资委汇总报国务院。发展改革委要会同有关部门，加强指导和协调，认真监督检查本决定的贯彻执行情况，并向国务院报告。

附录 10

国务院办公厅关于深入开展全民节能行动的通知

（2008 年 8 月 1 日国办发[2008]106 号）

各省、自治区、直辖市人民政府，国务院各部委、各直属机构：

节约资源和保护环境是我国的基本国策。为缓解能源供应紧张状况，保护生态环境，进一步增强全民能源忧患意识和节能意识，建设资源节约型和环境友好型社会，经国务院同意，现就开展全民节能行动有关事项通知如下：

一、增强全民节能意识

人口众多、能源资源相对不足、环境承载能力较弱，是我国的基本国情之一。近年来，为实现“十一五”节能减排目标，保障国家能源安全，促进经济社会可持续发展，国家制定了一系列促进节能的政策措施，取得了一定成效。但是，浪费能源的现象仍然比较严重，如一些地方城市建设贪大求洋，汽车消费追求大排量，住房消费追求大面积，装修装饰追求豪华，大量使用一次性用品，产品过度包装等，不仅造成需求的不合理增长，而且加剧了能源供应紧张状况，加重了环境污染，助长了不良社会风气。开展全民节能，关系到我国经济社会的持续健康发展，关系到人民群众的切身利益，体现全民族的文明素质。要从全局和战略的高度，充分认识深入开展全民节能行动的重大意义，增强紧迫感和危机感，广泛动员全民节能，把节能变成全体公民的自觉行动。

二、全民节能行动的主要内容

（一）开展能源紧缺体验。各级节能主管部门要会同有关部门，在每年的全国节能宣传周期间组织开展主题鲜明、形式多样的能源紧缺体验活动，强化节能意识。地方各级人民政府和国务院各部门主要负责人每年都要参加一次能源紧缺体验活动。

（二）每周少开一天车。除特殊公务车外，各级行政机关、社会团体、事业单位和国有企业的公务车按牌号尾数每周少开一天，星期一至星期五停开公务车牌号尾数分别为 1 和 6、2 和 7、3 和 8、4 和 9、5 和 0。同时要加快推进公务车改革。倡导其他单位和个人参照上述原则每周少开一天车，更多选乘公共交通工具出行。

（三）严格控制室内空调温度。除有特定要求并经批准外，公共建筑夏季室内空调温度设置不得低于 26 摄氏度，冬季室内空调温度设置不得高于 20 摄氏度。倡导居民参照上述标准设置空调温度。

（四）减少电梯使用。各级行政机关办公场所三层楼以下（含三层）原则上停开电梯，非高峰时段减少运转台数。提倡高层建筑电梯分段运行或隔层停开，短距离上下楼层不乘电梯，尽量减少电梯使用。

（五）控制路灯和景观照明。在保证车辆、行人安全的前提下，合理开启和关闭路灯，试行间隔开灯，推广使用可再生能源路灯。在用电高峰时段，城市景观照明、娱乐场所霓虹灯等要减少用电。各级行政机关、公共场所应关闭不必要的夜间照明，除重大的庆祝活动外，一律关闭景观照明。

（六）普及使用节能产品。鼓励和引导消费者购买使用能效标识 2 级以上或有节能产品认证标志的空调、冰箱等家用电器，鼓励购买节能灯、节能环保型小排量汽车。各级行政机关要优先采购节能产品，认真落实强制采购节能产品的有关规定。

（七）使用节能环保购物袋。严格执行限制生产销售使用塑料购物袋的有关规定，提倡重拎布袋子、菜篮子，重复使用节能环保购物袋，减少石油用量，保护生态环境。

（八）减少使用一次性用品。提倡不使用一次性筷子、纸杯、签字笔等。各级行政机关要带头减少使用一次性用品。各类宾馆饭店不主动提供一次性洗漱用品。采取有效措施治理过度包装，积极抵制过度包装产品。

（九）夏季公务活动着便装。每年夏季，除重大外事活动及有特殊要求以外，公务活动一律着便装。

（十）培养自觉节能习惯。提倡单位、家庭在夏季用电高峰时段每天少开一小时空调、晚开半小时电灯，尽量使用自然光照明，随手关灯，杜绝白昼灯、长明灯。及时关闭办公设备和家用电器，减少待机能耗。

三、加大宣传力度

要采取多种形式，大张旗鼓地宣传能源供求紧张形势和节能重要意义，普及节能知识和方法，宣传节能政策，推介节能新技术、新产品，宣传节能先进典型，大力倡导节俭文明的社会风尚，形成全民节能的强大声势和浓厚氛围。

新闻宣传部门要会同发展改革委等部门制订全民节能宣传方案，纳入重大主题宣传活动。各地区、各部门要统筹做好开展全民节能行动的有关宣传工作。各级节能主管部门要会同有关部门组织好集中宣传和日常宣传。各新闻媒体要制订具体的宣传报道方案，在重要时段、重要版面增加报道频次，强化深度报道，加大节能公益广告宣传力度，曝光浪费能源现象，充分发挥舆论监督作用。积极组织推动在工矿企业、学校、社区广泛开展节能宣传教育和节能科普活动。

四、加强组织协调和监督检查

发展改革委要会同有关部门和单位组织开展全民节能行动，并加强对各地区、各部门开展全民节能行动的指导和协调。地方各级节能主管部门要会同有关部门组织好本地区全民节能行动，会同质检、工商等部门加强对室内空调温度控制、生产销售使用塑料购物袋、能效标识、过度包装等的监督检查。各级节能监察机构要加强日常监督，确保各项措施真正落到实处。

附录 11

国家发展改革委关于
做好中小企业节能减排工作的通知

（2007 年 11 月 27 日发改企业[2007]3251 号）

各省、自治区、直辖市及计划单列市、副省级省会城市、新疆生产建设兵团发展改革委、经贸委（经委）、中小企业局（厅、办）：

节能减排是贯彻落实科学发展观、促进经济结构调整和转变发展方式的重要举措。为贯彻国务院《节能减排综合性工作方案》，做好中小企业节能减排工作，通知如下：

一、充分认识中小企业贯彻科学发展观、推进节能减排的重要意义

近年来，我国中小企业发展迅速，已成为推动经济社会发展的重要力量。当前，中小企业发展中存在着总体素质不高、增长方式粗放、结构不合理等问题，相当一部分中小企业工艺和装备落后，资源利用率低、环境污染重。在一些规模经济要求较高的资源型产业，中小企业数量多、规模小，工艺水平落后。如，黑色冶炼及加工行业中小企业数量虽占全部企业的 74%，但其总产值规模仅占全行业的 20%；在安全和技术要求较高的采矿业，中小企业占采矿企业的 96%；在建材行业，落后工艺 80%以上集中在中小企业。服务业中小企业节能减排任务也十分艰巨。如，洗车行业用水浪费、超标排放现象较为突出。

节约资源和保护环境是我国一项基本国策，实现“十一五”《规划纲要》提出的节能减排目标，需要广大中小企业和全体职工的共同努力，也是每个中小企业和职工应承担的社会责任。贯彻落实科学发展观，建设生态文明社会，实现国民经济又好又快发展，迫切要求广大中小企业从主要依靠数量扩张转变为更加注重质量提高，从主要依靠粗放型增长转变为更加注重节约资源、保护环境，走低消耗、少排放、能循环、可持续的中国特色新型工业化道路。

当前，中小企业在节能减排中也面临一些问题，主要是：不少中小企业科学发展、节能减排意识淡薄，思想和认识还不到位；一些企业工艺装备落后，有些落后生产能力在产业转移中没有依法淘汰；节能减排投入不足，安全生产、劳动保护措施缺乏，违规排放现象时有发生；节能减排技术开发和应用不够，节能减排中介服务体系还不健全；污染治理等相关基础设施建设滞后，在产业集聚区内还难以做到统一排放、集中治理等。这些问题迫切需要研究和着力加以解决。

二、以科学发展观为指导，扎实推进中小企业节能减排

中小企业节能减排的总体要求是：深入贯彻科学发展观，以转变经济发展方式、调整经济结构、加快技术进步为根本，全面调动中小企业和职工节能减排的积极性，坚持节约

发展、清洁发展、安全发展，依法淘汰落后产能，推广先进适用节能减排技术，健全节能减排技术服务，加强企业管理，力争使中小企业单位国内生产总值能源消耗、单位工业增加值用水量、主要污染物排放指标以及安全生产指标达到全国平均水平。

（一）广泛宣传发动，提高思想认识。结合学习党的十七大精神，深刻领会科学发展观的科学内涵、精神实质和根本要求，增强广大中小企业和职工贯彻落实科学发展观的自觉性和坚定性。各级中小企业部门充分利用信息网和各种媒体，宣传节能减排的重大意义、方针政策、基本知识和先进经验，要将节能减排纳入年度培训重点，利用电视、网络以及集中面授等方式开展针对中小企业的节能减排相关培训。采取多种形式，开展资源警示教育，增强中小企业节能减排的责任感和使命感。选择确定若干节能减排示范单位，宣传推广先进经验和做法。

（二）淘汰落后产能，控制“两高”行业发展。严格按《产业结构调整指导目录》和相关法律法规严格淘汰中小企业中的落后技术、工艺和装备。对不按期淘汰的企业要依法责令其停产或予以关闭，依法吊销生产许可证和排污许可证，依法停止供电。提高节能环保市场准入门槛，严格执行项目开工建设的相关政策规定。密切关注落后产能转移趋向，坚决制止落后装备设施外流，坚决防止以招商引资、产业转移等形式新增落后生产能力。

（三）加快节能减排技术开发，大力推广共性节能减排技术。针对中小企业特点，加快开发节能减排关键和共性技术，推动建立以企业为主体、产学研相结合的节能减排技术创新与成果转化体系。在冶金、有色、石化、化工、电力、煤炭、建材、轻工等重点行业中，鼓励使用“零排放”技术、废弃物综合利用技术等循环经济的减量化技术、再利用技术和再循环技术，推动企业内循环经济发展。各类中小企业专项资金要将中小企业节能减排作为支持重点，促进中小企业节能技术改造和节能新技术、新工艺、新产品的推广使用，提升中小企业节能、节水、节地、节材水平。

（四）促进服务业和科技型中小企业发展，优化产业结构。大力鼓励在信息技术、工程及科学仪器、生物工程、新能源与节能技术、环境保护新技术等领域大力发展科技型中小企业，促进高技术产业加快发展。落实《国务院关于加快发展服务业的若干意见》，积极支持中小企业发展现代服务业，提升生产服务业的产业档次和现代化水平。引导中小企业发展特色农业、循环农业、生态农业和旅游观光农业。促进垃圾资源化利用，大力发展循环经济和环保产业。

（五）健全节能减排服务体系，探索污染集中治理模式。组织专家队伍深入开展节能减排咨询和诊断，鼓励专业化节能服务公司为中小企业开展节能减排咨询，并提供设计、培训、融资、改造、运行管理一条龙服务，选择若干地区和机构先行开展试点。完善相关政策，大力发展产业化、社会化、专业化的中小节能减排技术服务机构。对于排放集中、污染严重的产业集聚区，探索集中治理模式，促进公共环境和资源综合利用设施建设，重点支持一批产业集群环境治理建设项目。支持在产业集群内发展热处理、电镀等工艺专业化企业。鼓励发展生态型工业和生态型工业园区。

（六）引导企业加强管理，夯实节能减排基础。企业（单位）是节能减排的主体，职工是节能减排的主力军。中小企业必须严格遵守节能和环保法律法规及标准，强化管理措施。引导中小企业完善产品质量监测管理制度，加入国际质量认证体系。引导和督促企业依法获得从事生产经营活动所必须的产品质量资格和许可。加强计量管理，完善计量器具和检测手段。引导中小企业认真贯彻《清洁生产促进法》，支持中小企业开展能效水平对标活动。积极帮助职工掌握节能减排技能，不断提高职工节能减排能力。建立健全企业内部节能减排的激励机制，动员全体员工参与节能减排活动。

三、加大工作力度，切实做好节能减排工作

（一）各级中小企业部门要把节能减排作为当前一项重要工作抓紧抓好。中小企业管理部门要积极配合有关部门，认真落实国务院和各省市节能减排综合性和全民行动实施方案，结合本地区实际，抓紧制定本地区中小企业节能减排工作方案，尽快确定中小企业节能减排工作目标、重点和相关措施，加强对中小企业节能减排工作的指导协调。

（二）协助研究制定相关政策措施。按照“淘汰一批、升级一批、发展一批”的目标导向，系统研究相应的财税、价格、信贷、担保、市场准入标准等方面的配套政策措施，充分发挥经济手段在扶优限劣的作用。中小企业管理部门要主动与相关部门沟通协调配合，尽快研究探索建立落后产能退出机制，争取对中小企业节能减排工作的资金、税收等方面的支持。

（三）充分发挥各方面力量，形成工作合力。有条件的省市可设立节能义务监督员，协助对企业节能减排进行监督。充分发挥行业协会等各类中介机构的积极作用，开展调研活动，针对中小企业节能减排开展咨询诊断、人员培训等方面服务。中小企业管理部门要配合有关部门加强对企业安全生产、环保卫生、资源开采、土地使用等方面的监管。积极开展中小企业节能减排和发展循环经济的国际合作与交流。

各级中小企业管理部门要深入基层调查研究，协调解决工作中出现的新情况、新问题，及时将中小企业节能减排工作方案、进展情况及联系人上报我委（中小企业司）。

附录 12

重点用能单位能源利用状况报告制度实施方案

（2008 年 6 月 6 日发改环资[2008]1390 号）

为贯彻落实《中华人民共和国节约能源法》关于重点用能单位应当每年向管理节能工作的部门报送上年度“能源利用状况报告”的规定，了解掌握重点用能单位能源利用状况，加强重点用能单位节能管理，制定本实施方案。

一、充分认识实施重点用能单位能源利用状况报告制度的重要性和必要性

重点用能单位能源利用状况报告制度，是重点用能单位依法定期向管理节能工作的部门报送能源消费情况、能源利用效率、节能目标完成情况、节能效益分析、节能措施等内容的制度。实施重点用能单位能源利用状况报告制度，对加强和改善重点用能单位节能监管、提高能源利用效率、实现“十一五”节能目标具有重要意义。

实施重点用能单位能源利用状况报告制度，是国家对重点用能单位能源利用状况进行跟踪、监督、管理、考核的重要方式，也是编制重点用能单位能源利用状况公报、安排重点节能项目和节能示范项目、进行节能表彰的重要依据。定期报送能源利用状况报告是重点用能单位的法定义务，各级管理节能工作的部门、各重点用能单位要充分认识开展这项工作的重要性和必要性，切实加强领导，确保报告制度落到实处。

二、重点用能单位“能源利用状况报告”的主要内容和填报要求

（一）填报单位

1. 年综合能源消费量 1 万吨标准煤以上的用能单位；

2. 国务院有关部门或者省、自治区、直辖市人民政府管理节能工作的部门指定的年综合能源消费总量 5 000 吨以上不满 1 万吨标准煤的用能单位。

（二）填报内容

重点用能单位“能源利用状况报告”采用统一套表格式（详见附件），主要内容包括：

表 1：基本情况表。填报单位基本信息、能源管理人员资料、经济及能源消费指标、以及主要产品单位能耗情况等。

表 2：能源消费结构表。填报统计年度内重点用能单位各类能源购进量、能源消费量和能源库存量等。

表 2-1：能源消费结构附表。主要填报统计年度内重点用能单位能源加工转换环节的能源投入量、加工转换产出量以及回收利用能源量等。

表 3：能源实物平衡表。填报能源在重点用能单位内部各个生产环节的能源统计数据，并计算能源损耗情况。是对重点用能单位内部能源利用分配情况的综合反映，同时对

用能单位能耗数据真实性进行校对。

表 4:单位产品综合能耗指标情况表。填报单位产品综合能耗以及与上年期比较的变化情况。

表 5:影响单位产品(产值)能耗变化因素的说明。是对表 4 能耗指标变化原因进行分析和简短说明。

表 6:节能目标完成情况。用能单位“十一五”期间节能目标逐年完成情况。

表 7:节能目标责任评价考核表。根据《国务院批转节能减排统计监测及考核实施方案和办法的通知》(国发[2007]36 号)要求,重点用能单位对节能目标完成情况进行自评。

表 8:主要耗能设备状况表。对主要耗能设备(通用设备、专用设备)概况、运行情况、淘汰更新情况等进行说明。

表 9:合理用能国家标准执行情况表。根据合理用热、合理用电国家标准对用能情况进行自评。

表 10:规划期节能技术改造项目列表。包括项目类别、名称、改造措施、投资金额、时间安排以及预期节能效果等。

表 11:与上年相比节能项目变更情况表。与上一年相比,节能项目的变更情况以及变更原因。

(三) 填报方式

为规范重点用能单位能源利用状况报告的报送工作,国家发展改革委组织研发了“重点用能单位能源利用状况报告填报系统”软件,各单位采用网上直报方式进行填报或报送电子版。国家发展改革委(环资司)将统一组织填报系统软件的下发和培训工作。

重点用能单位是基本报送单元,实行属地化管理原则。各重点用能单位能源管理负责人负责组织对本单位用能状况进行分析、评价,编写能源利用状况报告,并在每年 3 月底前将上一年度的能源利用状况报告报送当地管理节能工作的部门。

省级政府管理节能工作的部门应组织对本地区年综合能源消费总量 1 万吨标准煤以上用能单位的能源利用状况报告进行审查。市(区)级政府管理节能工作的部门应组织对本地区年综合能源消费总量 5 000 吨标准煤以上不满 1 万吨标准煤用能单位的能源利用状况报告进行审查。对审查不合格的,应要求其限期整改,重新报送。

省级政府管理节能工作的部门进行审查、汇总后,应在每年 4 月底前将本地区重点用能单位能源利用状况报告及汇总分析报告,报送国家发展改革委(环资司)。国家发展改革委(环资司)对各省级政府管理节能工作的部门报送的数据进行汇总后,编制全国重点用能单位上一年度能源利用状况公报,向社会公告。

(四) 报送时间

能源利用状况报告按年度编报。各重点用能单位应在每年 3 月底前,将上一年度的能源利用状况报告报送当地管理节能工作的部门。

(五) 补报 2006、2007 年度能源利用状况报告

千家企业应在 2008 年 9 月底前,补报 2006、2007 年度能源利用状况报告。其他重点用能单位应在 2009 年报送 2008 年度能源利用状况报告的同时,补报 2006、2007 年度能源利用状况报告。

三、保障措施

（一）重点用能单位应发挥主体作用。各重点用能单位要高度重视填报工作，加强对填报工作的组织和领导，能源管理负责人要对能源利用状况报告的完整性、真实性和准确性负责。要明确有关人员的职责，加强对能源管理负责人和能源管理人员的培训，提高其专业知识和能力。为保证重点用能单位能源利用状况报告质量，重点用能单位应加强计量统计体系建设，按规定配备并定期检定能源计量器具、仪表，完整构建内部统计体系，建立健全原始记录和统计台账。

（二）各级管理节能工作的部门要加强组织领导。国家发展改革委（环资司）统一部署和管理重点用能单位能源利用状况报告工作。省级政府管理节能工作的部门要抓好本辖区内重点用能单位"能源利用状况报告"的审查、汇总、分析和上报工作。各市（区）级政府管理节能工作的部门要加强对本辖区重点用能单位"能源利用状况报告"填写的监督和指导。能源利用状况报告制度执行情况纳入节能工作考核内容。

（三）表彰先进典型。国家发展改革委将对能源利用状况报告的填报工作较好的重点用能单位、组织指导和培训成效显著的地方管理节能工作的部门和相关机构给予奖励和表彰。对于未按规定报送或报告内容不实的单位，将依照《中华人民共和国节约能源法》的有关规定进行处罚。

（四）做好保密工作。各级管理节能工作的部门和相关单位应对重点用能单位报送的资料、数据及分析报告等做好严格的保密工作，未经许可，不得擅自对外发布，不得向社会和咨询机构提供。

附件：重点用能单位能源利用状况报告（表式）（略）

附录 13

国家质检总局关于贯彻落实《中华人民共和国节约能源法》的实施意见

（2008 年 8 月 5 日国质检量函[2008]568 号）

《中华人民共和国节约能源法》(以下简称节约能源法)已由中华人民共和国第十届全国人民代表大会常务委员会第十三次会议于 2007 年 10 月 28 日修订通过，并自 2008 年 4 月 1 日起施行。节约能源法的公布施行，是全面落实科学发展观，构建社会主义和谐社会的重大举措，是建设资源节约型、环境友好型社会的重要保障。节约能源法赋予了质检部门许多重要职责，它是质检系统发挥技术优势，为建设资源节约型、环境友好型社会服务的重要法律依据。为贯彻落实节约能源法，结合质检工作实际，现提出如下实施意见：

一、提高认识，加强宣传

（一）各级质检部门要统一思想，深刻领会节约能源法修订的背景，理解其重大意义，充分认识节约能源工作的重要性和紧迫性。新修订的节约能源法旨在推动全社会节约能源，提高能源利用效率，保护和改善环境，促进社会全面协调可持续发展。节约能源法将节约资源明确为我国的基本国策，进一步确立了节约能源在我国经济社会发展中的战略地位。节约能源法在法律调整范围和可操作性上都有较大变化，它的贯彻落实不仅从法律层面上确保如期完成“十一五”节能减排目标，同时也将对我国长远发展产生深远的影响。

（二）积极行动、精心部署节约能源法宣贯工作。各级质检部门要把学习、宣传节约能源法作为一项重要工作列入议事日程，认真研究，统筹安排，全面部署，狠抓落实。要迅速组织学习和培训，全面掌握其基本内容，做到准确理解、正确执行。

总局将编写、印发有关节约能源法宣贯教材、宣传画，组织举行宣贯班，结合质检系统工作实际，对节能法规进行释义，对节能工作进行指导。

（三）采取多种形式宣传，营造实施节约能源法的良好氛围。各级质检部门应当采取多种宣传形式，充分发挥报刊、广播、电视、网络等媒体的作用，积极宣传节约能源法。在每年的标准日、计量日、质量月、质量万里行活动中，要将节能、减排、降耗、增效作为重要内容，向社会宣传节能工作，营造良好氛围。

各地质检部门要根据实际情况，有组织、有计划地对生产、进口、销售、经营等领域从业人员开展宣贯教育活动，使其及时了解、正确掌握节约能源法的重要意义和主要内容。

（四）加强对节约能源法宣贯工作的监督检查。各级质检部门应加强对宣贯工作的监督检查，将自查与抽查相结合，使节约能源法的宣贯工作落到实处。

总局将于 2008 年下半年适时对各地宣传、贯彻节约能源法的情况进行专项检查，从知识掌握、宣贯进展和执法状况等方面考察各单位落实情况。

二、加快推进有关立法工作，建立健全节能标准体系

（一）加快推进涉及节能的立法工作，完善节能法规体系。进一步推动标准化法、计量法、特种设备安全法等法律法规的立法进度，密切配合人大环资委、国务院法制办等部门做好循环经济法、公共机构节能条例的制定工作，抓紧制定高耗能特种设备节能审查与监督管理办法、能源计量监督管理办法、节能产品认证管理办法等配套规章，联合国家发改委完成《能源效率标识管理办法》的修订工作，进一步完善节能法规体系。

（二）完善地方节能标准审查和备案制度。贯彻落实节约能源法第十三条和第十四条要求：省、自治区、直辖市制定严于强制性国家标准、行业标准的地方节能标准，由省、自治区、直辖市人民政府报经国务院批准。指导地方制定严于强制性能效和能耗限额国家标准的地方节能标准，并由国务院标准化主管部门会同国务院节能主管部门进行技术审查后，经国务院批准。各地所制定严于国家标准或行业标准的地方建筑节能标准，报国务院标准化主管部门和国务院建设主管部门备案。为落实以上要求，研究制定相应管理规定。

（三）指导企业建立节能标准体系，完善企业节能标准审查制度。颁布《企业节能标准体系编制通则》国家标准，各地应按照该国家标准的要求，指导企业建立企业节能标准体系，制定企业节能标准。落实节约能源法中国家鼓励企业制定严于国家标准和行业标准的企业节能标准的要求，各地方应根据各地具体情况，完善企业节能标准备案审查制度。

（四）进一步完善节能标准体系。根据新修订的节约能源法、《国务院节能减排综合性工作方案》和《国家质检总局关于贯彻落实〈国务院节能减排综合性工作方案〉的实施意见》的要求，会同国家发改委等 14 个部门，组织中国机械工业联合会、中国电力企业联合会等 9 个行业协会和中石化、中石油 2 大集团公司，编制《2008～2010 年资源节约与综合利用标准发展规划》，进一步完善节能标准体系，提出 2008 年到 2010 年国家标准和行业标准制修订项目。

（五）加大节能标准制修订工作力度。在《用能单位能源计量器具配备和管理通则》（GB 17167—2006）的基础上，加快制定建材、煤炭、纺织、造纸等重点耗能行业的能源计量器具配备和管理要求国家标准。继续推动空调等强制性能效国家标准的制修订和实施。指导全国锅炉压力容器标准化技术委员会加快完成《锅炉性能测试方法》、《热交换器及传热元件性能测试方法》等国家标准的制定工作，科学确立锅炉、换热压力容器等产品的节能测试方法和评价指标，为能效测试与评价提供技术和管理依据。加强高耗能产品能耗限额标准的地方调研工作，继续研究制定重点耗能行业能耗限额标准。

（六）做好节约能源法配套标准的宣贯和实施工作。指导各地集中抓好节约能源法配套的 46 项标准的宣贯和实施工作，加大宣传力度，发挥配套标准在节能减排工作中的重要作用。组织召开有关标准的宣贯会，扩大标准的社会影响力，并配合有关主管部门，做好标准的贯彻实施工作。

三、开展节能产品认证，推行节能产品认证制度

（一）尽快实施国家统一推行的节能产品认证制度，有效推动《关于加强资源节约产品认证工作的意见》的落实。会同国家节能主管部门，选取节能潜力大、与生产生活关系密切、节能认证技术依据完善的产品开展国家统一推行的认证制度，统一产品目录、统一认证规则和技术依据、统一认证标志。全面建立和完善节能产品认证体系。

加强对节能产品认证机构的管理，严格认证机构准入制度。加强对节能产品认证机构和认证结果的监督执法，规范认证工作，加快诚信体系建设。

制定和实施激励政策，加大各方对节能产品认证结果的采信力度，发挥认证服务于社会经济发展的功能。会同有关部门研究推动有利于节能产品生产和应用的税收激励机制、价格激励机制和消费补贴制度。

（二）进一步加强与相关部门的沟通与合作，促进节能产品认证制度与能效标识制度的协调与配合。从自我声明和第三方认证两种不同角度发挥作用，推动社会节约能源，提高能源利用效率，促进经济社会全面协调可持续发展。

四、加强监管，推动能效标识应用

（一）加快能效标识应用步伐。第三批《实行能源效率标识的产品目录》和冷水机组、燃气热水器、三相异步电动机、自镇流荧光灯、高压纳灯等五个产品的能效标识实施规则已经发布实施。要继续推进其他相关产品的能效标识工作，全面开展变频空调、多联式空调、电磁炉、计算机显示器、复印机、电热水器等产品能效标识实施规则的研究，为尽快扩大能效标识的实施范围完善技术准备。

（二）加强对能效标识的监督管理。禁止生产、进口、销售应当标注而未标注能源效率标识的产品，严厉打击伪造、冒用能源效率标识或者利用能源效率标识进行虚假宣传的行为。各省级局要建立能效标识的长效监管制度，启动社会监督及投诉处理机制，加大市场监督力度，严厉查处违反能源效率标识有关规定的行为，进一步规范能源效率标识市场。

（三）加强对能效标识产品的监督检查，检查目前制造已发布的九类产品的企业是否都标注了能效标识；能源效率标识是否与产品实际能源效率相一致；是否存在伪造、冒用能效标识或者利用能效标识进行虚假宣传的现象等，通过执法检查，促进能效标识备案，提高能效标识的标注质量。

（四）能效标识管理中心要组织好能效标识的宣传、培训和推广工作，认真做好能效标识的备案、核验、公告等工作，要开展能源效率标识实施的调查、评估机制的研究，及时总结能效标识实施中的经验和存在的问题，定期出版《能效标准与标识信息通报》。要按季度上报和公布能效标识节能成效。

五、加强对高耗能特种设备的节能监管，实现节能降耗

（一）确立高耗能特种设备节能工作目标。积极探索高耗能特种设备安全监察与节能监管相结合的工作机制。到2010年，初步建立高耗能特种设备的准入和退出制度，完善节能监管法规标准体系，强化特种设备使用环节的节能监管，研究探索特种设备耗能规

律与节能技术，努力形成高耗能特种设备节能监管的工作格局。2008 年，在工业锅炉节能监管与技术服务上实现重点突破，力争实现年节约 1 000 万吨以上标准煤的能力。

（二）建立高耗能特种设备的准入和退出制度。开展锅炉设计文件的节能审查，能效不符合相关技术规范及标准要求的不允许投入制造；开展新产品样机与在用设备的能效测试，能效不符合相关技术规范及标准要求的，新产品不允许投入批量制造，在用设备应当限期整改。选择换热压力容器 1～2 种代表产品，在大型企业成套装置开展换热压力容器系统能效测试与评价，指导企业开展节能改造试点。总局将确定并公布一批特种设备能效测试机构，为企业提供能效测试服务。同时，积极争取与发改委联合公布一批特种设备节能产品和淘汰产品目录。

（三）加快完善高耗能特种设备节能法规标准。总局将积极配合国务院法制办加快修订《特种设备安全监察条例》，根据节约能源法的相关要求，增加高耗能特种设备节能监管的有关规定。同时，加快制订《高耗能特种设备节能审查和监督管理办法》，明确节能审查与监督管理的具体要求。加快修订《固定式压力容器安全技术监察规程》、《锅炉节能技术监管规程》等 5 项安全技术规范，实现压力容器产品节材降耗，进一步明确锅炉节能监管相关技术要求。指导锅炉压力容器标准化技术委员会加快完成《热交换器及传热元件性能测试方法》等国家标准的制定工作，科学确立锅炉、换热压力容器等产品的节能测试方法和评价指标，为能效测试与评价提供技术和管理依据。

（四）强化高耗能特种设备使用环节的节能监管。2008 年，围绕锅炉使用环节的节能改造与监管工作，重点开展在用工业锅炉能效状况普查，并对测试和普查结果认真进行分析研究，形成本地区在用工业锅炉实际运行能效状况报告。积极推进工业锅炉“三个万”节能工程实施。即：指导企业开展万台工业锅炉节能改造，提高在用锅炉的使用能效，实现运行节能；组织实施 10 万台工业锅炉水处理达标活动，提高锅炉水处理效果，实现减垢节能；完成对 20 万名司炉工节能知识培训，提高节能操作水平，实现作业节能。力争在使用环节的节能监管上抓出实效。

（五）研究探索高耗能特种设备耗能规律与节能技术。总局将继续组织开展大型成套装置系统能效评价和节能新技术应用试点工作，研究换热压力容器、电梯、起重机械等高耗能特种设备耗能规律与节能技术，为全面推进高耗能特种设备节能监管工作奠定基础。各地也可根据当地实际情况制定相关政策，形成工作合力，努力争取节能工作的技术支撑条件和政策环境条件，找准节能监管切入点，积极推进高耗能特种设备节能工作。

（六）加强高耗能特种设备节能工作的统计与分析。强化节能工作效果的宏观分析，促进节能工作的深入开展，各地应当对有关节能工作数据进行统计分析，及时调整工作方案，力争取得更大实效。同时，向总局及时报送相关的地方规定、标准以及所取得的阶段性成果。

六、加强能源计量工作，建立完善的能源利用监督体系

围绕能源计量器具和能源计量数据管理，建立能源计量技术法规体系、能源贸易交接公证计量制度、能源计量体系评价制度、用能单位能源计量数据核查、监测、公告制度，帮助企业开展能源审计、能源利用状况分析、节能技术改造等节能服务，加快城市能源计量数据监测中心建设，在全社会建立能源计量监管网络。

（一）建立能源贸易交接公证计量制度。各省可参照或采用社会公正计量行（站）管理的模式，加强对贸易交接中计量器具、计量人员的管理，对重要能源的贸易交接开展公证计量活动。经公证计量的数据作为贸易交接的依据，同时作为用能单位能源使用的基础数据，列入国家对重点用能单位能源利用状况的监测、公告范围。

（二）建立能源计量数据核查制度。各省要对重点用能单位的能源利用状况等报告开展能源计量数据核查，核查能源计量数据的真实性、可靠性和完整性。对能源计量数据存在虚报、伪造、篡改的，及时通报有关部门。

（三）加大对能源计量器具配备情况的监督检查和后处理力度。各省级局要严格按照国家强制性标准《用能单位能源计量器具配备和管理通则》的要求，结合国家已经发布的石油石化、有色、冶金、电力、化工等重点耗能行业能源计量器具配备和管理要求，对用能单位能源计量器具配备情况等开展监督检查，对用能单位未按照规定配备、使用能源计量器具的，责令限期改正；逾期不改正的，按节约能源法进行处罚。

（四）继续加大节能降耗服务力度。要围绕节能减排，继续帮助重点耗能企业开展测量管理体系认证和计量保证能力评价工作，促进企业提高能源计量检测水平。按照《企业能源审计技术通则》国家标准、"企业能源审计报告审核指南"、"企业节能规划审核指南"等规范和技术要求，积极组织计量技术机构和能源监测机构对企业开展第三方能源审计。要认真总结节能降耗服务经验，认真检查与重点耗能单位签订的《节能降耗服务责任书》的落实情况，保证节能降耗服务活动取得实效。

（五）各省要积极探索在重点耗能城市建立能源计量数据中心，对各城市重点用能单位的能源计量数据实行实时监测。积极开展用能用水计量数据采集分析报告工作。总局将选择部分城市开展"城市用能用水计量数据采集分析报告"试点工作，将城市内各用能用水单位的能耗情况直接进行采集、汇总、整理和分析，并及时提出节能节水报告和建议，为政府统计、分析用能用水情况，对用能单位用能用水情况实时监测服务。各省要结合重要能源贸易交接公证计量工作，建立起重要能源的使用情况的监测体系。

（六）加强能源计量器具的监督管理，鼓励、支持能源计量器具自身节能新技术的开发、研究、示范和推广，促进能源计量器具自身节能技术的创新与进步。按照国家实行供热分户计量、依据用热量收费的制度，加强对热能表等能源计量器具的监督管理，研究制定加强热能表计量监督管理技术措施，修订有关技术规范，提高与节能减排相关的技术指标，提高能源计量器具产品质量。

（七）加强计量节能新技术的研究与应用。各省级计量技术机构，要结合重点耗能单位的实际，研究开发适合用能单位节能需求的计量测试新技术、新工艺、新方法，制定节能计量技术标准，开发节能共性和关键技术，并努力促进节能技术创新与成果转化。要加强能源计量在线检测方法的研究。要引导用能单位和个人使用先进的节能技术和节能产品。

（八）对重点用能单位的能源管理人员、能源计量技术人员开展备案管理和技术培训。各省要及时了解各重点用能单位能源管理和能源计量技术人员的实际情况，开展能源计量相关知识的培训，建立能源管理和能源计量技术人员备案管理制度，培养能源计量意识，增强能源计量观念，提高能源计量管理水平。

（九）加强对公共机构节能的监督管理。认真贯彻落实公共机构节能相关法律法规要求，配合建筑节能的推进，如照明系统、供暖系统、机械设备运行系统、建筑维护结构的改造等技术措施，充分发挥计量的基础作用。要加强对公共机构和建筑节能的能源审计、能耗计量监测等工作。要积极配合有关部门，扎实推进北方采暖地区建筑供热计量及节能改造。各省级局也要制定本系统公共机构节能目标和实施方案，按照有关规定带头进行能源审计，并根据能源审计结果采取有效措施，提高能源利用效率；要带头采购节能产品、设备，促进公共机构节能；要带头实施节能目标责任制和节能考核评价制度，保证节能工作取得实效。

七、开展对节能产品进出口检验工作，严把国门关

（一）严格进口旧成套设备进口备案和检验。在进口旧机电成套设备的备案、装运前检验和到货检验过程中，一经发现有不符合国家节能减排政策的，即不得批准、起运、进口，已经进口的根据有关规定予以退运或者销毁。

（二）严格限制用于高能耗高污染项目的机电设备进口。对日常检验中一经发现列入发改委禁止、限制类投资产业目录以及列入商务部禁止或限制进口目录的产品或者技术目录的，要求进口商提供批准文件、方可办理检验手续。

（三）结合节能减排的要求和检验检疫把关服务的特点，重点加大对机电产品实验室建设，建立用能大类产品的能效检验实验室，并开展有关技术研究。针对大宗进口机电产品，按照产品建立分类别的能效实验室，开展电源制式差异造成能效损失的研究，指导进口新、旧成套设备的进口检验，以期有效应对国外能效壁垒，将国外高耗能产品挡在国门之外。

（四）进一步做好进口能效标识产品的检验监管工作，加强口岸入境验证，适时开展能效指标的专项检查，严格查处虚假标注、以假乱真、以次充好等能效质量欺诈违法行为。

（五）进一步完善对高污染、高能耗、资源消耗型产品出口的监管措施和技术手段，提高技术“门槛”，控制相关产品出口。指导企业采取措施开展技术升级和改造工作。

八、建立健全节能监督管理体系，强化节能法律责任

（一）强化耗能节能产品质量国家监督抽查制度。对煤炭石油制品等燃料类、钢材水泥等耗能类、新型墙体材料等节能保温建材类、空调机械照明等用能类、水源热泵太阳能等利用新能源类、工农业家用器具等节水类、污水处理药剂等环保类、电能表等能源计量类等 8 大类重点产品强化国家监督抽查制度；突出抽查产品的能源效率、能效标识、寿命可靠性等关键项目；对监督抽查中产品质量不合格的企业依法严肃处理。对存在产品能效标识不真实等问题的，责令企业立即纠正。质量问题严重的，坚决禁止生产和销售，监督企业收回其产品并进行技术处理或销毁。对存在突出共性质量问题或严重区域性质量问题的，组织开展专项集中整治。

（二）严格高耗能企业的生产许可审查，加大落后产能的淘汰力度。继续动态跟踪国家《产业结构调整指导目录》和高耗能产业准入条件，及时修订有关产品生产许可证实施细则；加强对热轧带肋钢筋、水泥、电石、铝合金建筑型材等 23 类产品生产企业的审查，严格执行电力、钢铁、建材等行业产能淘汰要求，坚决淘汰国家明令淘汰的生产能力和生产工艺；强化证后监管工作，凡是具有国家明令淘汰的生产能力和工艺的获证企业，要责令

限期淘汰，否则依法吊销或撤销生产许可证。

（三）充分发挥产品质量国家免检制度的扶优扶强作用，鼓励高效节能产品生产企业快速发展。加大对太阳能等能源替代产品和其他节能产品实施国家免检的力度，对申报国家免检的企业，加强节能环保条件和产业政策要求审查，对不符合节能环保要求的企业坚决不授予国家免检资格。

（四）加强对已获证企业的执法监管。加强钢铁、有色金属、煤炭、化工、建材、建筑等重点行业，以及年耗能万吨标准煤以上重点企业的节能减排工作。针对与节能减排有关的已获证生产企业，开展一次检查，对于违反节能减排政策要求，使用国家明令淘汰的装备和工艺，生产过程耗能指标、污染指标达不到规定要求的，责令企业立即停止生产，严格整改，复查仍达不到要求的，依法吊销生产许可证。适时部署对节能认证产品的执法检查。

（五）继续加大土炼油、地条钢等的打击取缔力度。针对"地条钢"生产企业，组织重点地区执法部门，与有关部门合作，开展打击取缔联合行动。针对"土炼油"违法行动，会同有关部门开展联合打击和整顿治理工作，坚决彻底取缔"土炼油"生产、经营场点，依法严厉打击制售"土炼油"违法犯罪分子。开展严厉打击在煤炭中掺杂掺假违法行为专项联合行动，依法取缔无证非法煤炭经营企业，整顿和规范煤炭经营秩序。

（六）推进实施名牌战略，突出节能要求，引导广大企业加强节能工作。优先将高效节能产品列入中国名牌产品目录，把能耗水平作为申报中国名牌产品的门槛条件，在开展名牌评价时，设置专门的能效考核指标，重点向节能产品的倾斜。支持已经获得中国名牌称号的企业带头节能减排，总结经验，向其他企业推广。

九、加强节能减排基础科学研究，提高技术检测能力

（一）加强国家质检中心能力建设，尤其是加大涉及能源计量、能源产品检验、电器产品及性能检验、产品节能效果评价等专业领域国家质检中心的规划和建设力度。根据各地产品质量监管和产业发展需要，将对若干能源、电器能效专业领域国家质检中心进行严格验收，为尽快落实节能减排工作方案提供强有力的技术支撑。在技术改造和装备项目安排上，向相关专业领域国家质检中心适当倾斜，积极支持技术机构开展产品节能性能评价、检测方法的研究，努力提升检测能力和水平。

（二）积极开展质检行业内应急性、培育性和基础性节能减排科研工作，多渠道争取科研经费，加大节能减排科研立项的投入力度。重点支持半导体节能光源光色参数计量标准、工业锅炉节能技术及能效标准研究、用水效率强制性标准和标识制度研究、我国用水单位用水计量和统计的重要技术标准研究、耗能产品环境意识设计模型标准化研究、工业企业节能降耗标准体系研究与示范、用能产品能效技术性措施体系研究和公共网络信息平台建设工程、保温隔热材料热扩散率和热导率检测方法研究、直流大电流计量标准装置的研究、绿色照明用稀土材料标准研究、我国低速汽车燃油经济性标准与政策研究、热泵热水机性能考核指标和试验方法的研究、相关进出境用能产品检测技术等科研项目。

附录 14

国家质检总局关于贯彻落实国务院《节能减排综合性工作方案》的实施意见

（2007 年 6 月 5 日国质检办[2007]256 号）

实现“十一五”规划提出的节能降耗和污染减排目标，是贯彻落实科学发展观、构建社会主义和谐社会的重大举措，是建设资源节约型、环境友好型社会的必然选择，对于调整经济结构、转变增长方式、提高人民生活质量、维护中华民族长远利益，具有极其重要而深远的意义。为进一步加强节能减排工作，国务院印发了《国务院关于印发节能减排综合性工作方案的通知》（国发[2007]15 号，以下简称《通知》），进一步明确了实现节能减排的目标任务和总体要求。各级质检部门要认真贯彻落实国务院《通知》精神，充分认识质检工作在节能减排中的重要地位和作用，进一步增强做好质检工作的责任感、使命感和紧迫感，加强组织领导、狠抓任务落实，为实现国务院提出的节能减排目标做出积极贡献。

现提出如下实施意见：

一、加快节能减排技术标准体系建设

（一）制修订一批节能减排重要标准。组织制定粗钢、水泥、烧碱、火电、铝等 22 项高耗能产品能耗限额强制性国家标准，轻型商用车燃料消耗量限值等 5 项交通工具燃料经济性标准，静电复印机等 11 种终端用能产品（设备）能效标准，8 项节能基础及方法标准，拟于 2007 年年底完成；制修订 36 项节水、节材、废弃产品回收与再利用等标准，拟于 2008 年上半年完成；启动家用电冰箱、电力变压器、商用冰柜等终端用能产品能效标准的编制工作，其中家用电冰箱能效标准拟于 2007 年年底完成，电力变压器、商用冰柜能效标准拟于 2008 年年底完成；制定生物质燃料检验通则等 9 项替代能源标准，拟于 2008 年年底完成；组织制定《重点耗能企业节能标准体系编制通则》、《工业清洁生产审核指南编制通则》国家标准，拟于 2008 年上半年完成。指导各地区研究制定本地区主要耗能产品能耗限额标准。积极与国家环保总局协调配合，做好钢铁、有色金属等行业污染物排放标准的制修订工作。

（二）健全和完善我国资源节约和综合利用标准体系。“十一五”期间，国家标准委将围绕节能减排工作的需要，加大节能、节水、节材、资源综合利用标准化工作力度，编制《2008～2010 年资源节约和综合利用标准发展规划》，拟于 2008 年上半年完成编制工作。

（三）采取有效措施，切实做好节能减排标准化工作。对于节能减排标准项目，采取快速立项的方式，即随申报随立项；采取快速通报方式，即在征求意见阶段向 WTO/TBT 通报，缩短标准批准发布周期；对于节能标准项目，除给予常规的经费补贴外，还将筹措资金，加大经费支持力度；同时，会同有关部门加强重要节能减排技术标准的科研工作。

二、建立健全节能监督管理体系

（四）严格生产许可审查，坚决淘汰落后产能。按照国家节能减排政策要求和行业准入条件，继续清理修订高耗能、高污染产品生产许可审查细则，明确审查各项具体条件和指标，并征求国家发展改革委、环保总局的意见。将实施生产许可管理的电石、热轧带肋钢筋、水泥、铝合金建筑型材等4类生产过程中高耗能的产品，蓄电池、氯碱等11类生产过程中易造成环境污染的产品，以及空气压缩机、危险化学品、内燃机等21类涉及国家淘汰落后产能要求的产品作为重点，按照电石、钢铁等行业准入条件要求，严格生产许可审查，严把市场准入关，坚决淘汰落后的生产设备和工艺。对不符合要求的办证申请，坚决不予受理；已获证的企业必须按期完成淘汰，不按期淘汰的，要依法吊销生产许可证。

（五）加强对已获证企业的后续监管。针对与节能减排有关的已获证生产企业，开展一次检查，全面评估已获证企业是否符合目前国家节能减排政策要求，生产过程是否使用了国家明令淘汰的装备和工艺。对于违反节能减排政策要求，使用国家明令淘汰的装备和工艺，生产过程耗能指标、污染指标达不到规定要求的，责令企业立即停止生产，严格整改，复查仍达不到要求的，依法吊销生产许可证。

（六）加强对节能减排相关产品及企业的监督检查。“十一五”期间，将煤炭石油制品等燃料类、钢材水泥等耗能类、新型墙体材料等节能保温建材类、空调机械照明等用能类、水源热泵太阳能等利用新能源类、工农业家用器具等节水类、污水处理药剂等环保类、能源计量类等8大类节能减排相关产品作为监督抽查的重点，平均每年计划安排不少于15种上述产品的国家监督抽查。2007年组织对节能照明灯、家用空调、三相异步电动机、家用太阳能热水器、家用电冰箱、电动洗衣机、节水卫生器具、多联式空调机组、钢材、水泥、冶炼煤、汽油、新型墙体材料、建筑绝热材料、中空玻璃、风冷冷水热泵机组等16种产品开展国家监督抽查。重点检验产品的能效等级（效率）、寿命、环保等质量指标，突出抽查产品生产集中地的企业，加大抽查企业覆盖面和跟踪抽查频次，从生产源头严把质量关。通过政府网站和有关新闻媒体及时发布能效标识产品及终端用能产品的抽查质量公告，强化产品质量监督抽查后处理工作。

（七）对严重不合格的用能产品强制收回管理。“十一五”期间，在产品质量监督抽查和生产许可准入管理中，加强煤炭石油制品等燃料类等8大类严重不合格的用能产品强制收回管理。2007年在监督抽查和生产许可发证后监督检查中，发现用能产品的能效等级（效率）、寿命、环保等项目严重不符合法律法规和标准规定的，要责令企业强制收回，监督企业进行技术处理或销毁；对产品能效标识不真实的，责令企业立即整改，并依法严肃处理。

（八）通过实施名牌战略和免检制度，鼓励企业节能减排。在环保及新能源领域，以环保、工业节能、资源综合利用、新型材料等为重点，加快绿色、节能、环保、生态型产品自主品牌建设，培育一批符合循环经济发展要求的、节能环保及新能源领域的示范性品牌企业及名牌产品。“十一五”期间，每年将一批资源节约型和环保型产品列入中国名牌产品评价目录，2007年将在24类产品中开展中国名牌评价，在评价指标上对达不到节能减排、环保要求的产品，实行一票否决。充分发挥产品质量国家免检制度扶优扶强、引导消费、促进产业结构调整的积极作用，加大对可再生资源、替代能源产品、环保产品及其关键生产装备和部件等实施产品质量国家免检力度，扶持相关产品优势生产企业做大做强。“十一五”期间，对涉及节能减排的产品实施免检平均每年不少于10种。2007年对燃煤用节能炉具、电炉电能节能装置、内燃机风冷缸套、再生铅等19种相关产品实施免检。同时，在免检申报审查中，将国家节能减排各项政策要求作为必备条件，并实行一票否决制，对于能耗指标、污染排放指标超过国家规定要求的，不予免检；已获得免检的，取消免检资格。

（九）围绕6个重点开展执法检查，严厉打击违法生产、销售高能耗产品等行为。根据《实行能源效率标识的产品目录》及国家有关强制性标准的规定要求，适时开展对电（燃）气热水器、家用电器及照明灯具等产品能效标识和节能指标的专项检查，严格查处虚假标注、以假充真、以次充好等能效质量欺诈违法行为；根据国家淘汰落后产能的要求，开展对国家明令淘汰高耗能产品的执法查处；适时部署对节能CCC认证产品的执法检查；针对“地条钢”生产企业，组织重点地区执法部门，与有关部门合作，开展打击取缔联合行动；针对“土炼油”违法行动，制定开展联合打击和整顿治理工作的实施方案，会同有关部门坚决彻底取缔“土炼油”生产、经营场点，依法严厉打击制售“土炼油”违法犯罪分子；开展严厉打击在煤炭中掺杂掺假违法行为专项联合行动，依法取缔无证非法煤炭经营企业，整顿和规范煤炭经营秩序。

三、加强能源计量工作

（十）加强企业能源计量基础工作。围绕节能减排，组织计量体系认证中心依据国家标准《测量管理体系 测量过程和测量设备的要求》（GB/T 19022）开展测量管理体系认证，“十一五”期间帮助1 000家大中型企业开展测量管理体系认证，2007年帮助200家大中型企业开展测量管理体系认证；继续组织开展中小企业计量保证能力评价工作，促进企业提高计量检测水平。

（十一）加强能源计量标准制定与实施工作。组织宣贯强制性国家标准《用能单位能源计量器具配备和管理通则》（GB 17167），2007年～2008年完成制定冶金、有色金属、石油石化、化工、电力等重点耗能行业的能源计量器具配备和管理要求推荐性标准。

（十二）组织开展面向全国重点耗能企业的节能降耗服务活动。实施《千家企业节能行动实施方案》，加强节能服务的制度建设和组织建设，在2007年，将节能降耗服务活动扩展到各行业年耗能10万吨标准煤以上的其他企业。按照《国务院关于加强节能工作的决定》，组织开展能源计量监督检查。

（十三）加强对热能表等能源计量器具的监督管理。配合供热体制改革的实施，加强与建设部等有关部门的沟通，研究制定加强热能表计量监督管理的意见。加强对电能表等能源计量器具的监督管理，修订有关技术规范，提高与节能减排相关的技术指标，提高能源计量器具产品质量。

（十四）组织专题研究攻克计量检测难题。参与国家能源相关重点工程建设，提供计量技术服务。与中石油集团公司协调，2007年建成国家天然气高压大流量计量站；加强原油、水大流量计量检测技术研究；组织研究岩洞储油计量技术，对国家石油战略储备油库的大型储罐进行计量标定，解决量值溯源的关键技术问题。

（十五）推广能源计量和节能降耗的先进经验。2007年下半年召开一次全国能源计量工作会，表彰开展能源计量和节能降耗工作的先进企业和单位，宣传、推广先进经验，进一步推动节能降耗活动的深入开展。

四、建立和完善节能减排认证认可体系

（十六）强化交通运输节能减排认证管理。2007年完成国家节能环保汽车认证工作技术专家组暨工作指导委员会组建工作，并建立国家认监委节能环保型汽车认证网站，加强对获证企业的一致性控制和跟踪检查；“十一五”期间开展重型汽车、车用动力蓄电池、驱动电机、燃料电池发动机等关键部件的认证；进一步强化车辆节能降耗的生产和市场准入要求，完成重型汽车发动机、再制造发动机、离合器、翻新轮胎的CCC认证工作。

（十七）加强节能产品认证工作。“十一五”期间，重点针对家用电器、工业耗能设备、照明器具等终端用能产品以及输配电产品，公布国家推行的节能产品认证目录，编制国家统一的节能产品认证规则，确定认证标志，加强与国家发展改革委在制度建设、标志、机构、政府采购政策支持等方面的协调与联系。2007年，对电动机、电热水器、彩色电视机等产品开展国家推行的节能产品认证。

（十八）加强节水产品认证工作。“十一五”期间，重点针对生活用水、工业用水、城镇输供水、农业和园林灌溉等产品，公布国家推行的节水产品认证目录，编制国家统一的节水产品认证规则，确定认证标志。与水利部、国家发展改革委、建设部协调，发布《节水产品认证管理办法》，统一节水产品认证用标准、合格评定程序及节水认证标志，制定统一的采信措施。2007年底前，对农业灌溉设备、输水管道、便器、水嘴等产品开展国家推行的节水产品认证。

（十九）加强可再生能源产品认证工作。“十一五”期间，重点针对太阳能热水器产品、太阳能光伏产品、风力发电机组及零部件产品，公布国家推行的可再生能源产品认证目录，编制国家统一的可再生能源产品认证规则，确定认证标志，充分利用可再生能源发展及《可再生能源法》实施的机会，联系和协调国家发展改革委、科技部、财政部，争取将可再生能源产品认证作为政府工程、招标的依据。2007年底前，对太阳能热水器、太阳能光伏产品等产品开展国家推行的可再生能源产品认证。

（二十）扩大节能减排领域的国际交流。跟踪研究相关国际组织的在节能减排方面的合格评定进展和发展趋势。加强同国外政府部门和认证机构的交流和合作，开展双边和多边对话，“十一五”期间在家用电器、照明等产品领域建立起行之有效的国际协调互认机制。

五、促进特种设备节能降耗

（二十一）加快建立特种设备安全性与经济性相统一的法规标准体系，建立特种设备安全监察与节能监管相结合的基本制度。加快制定《高耗能特种设备节能监督管理办法》，完善相关技术规范。指导全国锅炉压力容器标准化技术委员会等加快制修订《管壳式换热压力容器热工性能测试方法》等8个涉及特种设备能耗指标及其测试方法的相关标准。

（二十二）从设计、制造等生产源头把关，实现“确保安全、降低能耗”的双重目标。强化特种设备设计环节审查，将能耗设计指标列入审查范围，不满足能耗指标的设计，不予

通过，不得制造。建立特种设备产品能耗测试和公告制度，引导市场选用节能型特种设备产品。

（二十三）开展特种设备运行中的节能降耗工作。对在用锅炉的能耗实施监督。开展工业锅炉运行工况下热工测试的试点工作，对热效率不达标的在用锅炉，强化技术服务措施；强化锅炉水处理工作的监管，严格对运行锅炉水质情况的监督，对达不到相关规范和标准要求的，督促企业予以整改。

（二十四）建立高耗能特种设备的退出机制。对在用锅炉、换热压力容器、电梯等高耗能特种设备，积极推广节能新技术。依据相关能耗法规、标准，制定限制、淘汰高耗能特种设备的目标和分阶段实施计划；继续开展对使用“土锅炉”、“土压力容器”、简易电梯等不具安全性且能耗高的非法特种设备的专项整治，在保障安全的同时节约大量能源。

（二十五）开展相关的技术指导与服务工作。组织开展特种设备节能基础研究，依托国家有关锅炉、换热压力容器、电梯等设计研究机构，开展节能技术研究工作，完善我国特种设备节能法规和标准，并尽快加以应用；对特种设备使用单位开展技术服务和技术指导，合理选用特种设备产品，减少特种设备处于低负荷、低效率的运行工况。促进集中使用能效高的大中型设备，减少能效较低的小型设备数量；在特种设备改造环节加强能耗指标监测与监控，对改造后达不到能耗指标的，不予验收；支持采用节能技术对特种设备进行改造。促进采用低品位余热利用技术在锅炉上的运用，降低锅炉排烟温度，提高热效率；在石化、电力等行业积极推广高效换热容器，提高能源的回收利用率。

六、加强节能减排相关产品进出口检验把关

（二十六）根据国家产业政策和进出口调控目标，加强对进出口耗能产品和影响环境产品的检验把关工作。加强对国家实施强制性认证产品的入境验证工作，加强对法检目录外耗能产品和影响环境产品的监督抽查工作。努力通过技术法规、标准认证、检验检疫等手段，落实国家节能减排和宏观调控目标，并确保国家资源类产品进口。

（二十七）严格对进口旧成套设备的备案审批和检验监管。将《通知》附表中的淘汰落后产能的进口旧成套设备纳入不予备案的进口旧机电设备目录，对附表中进口的新成套设备实施严格检验，能效要求不合格的不得入境。

（二十八）加强进口旧机电产品检验监管。研究旧机电产品中电机节能问题，明确量化指标，限制高耗能电机系统进口。研究旧机电产品的年限与耗能、污染的关系，出台合理的年限限制措施，保证进口的旧机电产品在生命周期内节能环保。

（二十九）运用出口免验、分类管理等措施促进出口企业节能减排。将出口企业生产节能减排、产品节能作为出口免验企业和出口一类企业的考核条件、出口二类企业的参考条件，促进出口企业加强节能减排工作。

（三十）支持国家再制造政策。根据国家再制造的相关政策，出台进口再制造产品、进口再制造所需旧机电产品、出口再制造产品和出口旧机电产品的检验监管的政策。

七、加强节能减排基础科学研究，提高技术检测能力

（三十一）加强节能减排检测监测方法、产品性能评价体系研究。在“十一五”期间，在标准化、计量、认证认可、工业产品检验、检测技术、特种设备安全、技术性贸易措施、质

量管理与监督检测等领域，形成一大批涉及节能、减排、节水、节材、节地、环境保护、资源综合利用、循环经济的检测监测关键和共性技术，大力开展节能减排产品质量检验技术的研究，完善检验检测方法。探索节能减排产品、技术的评价方法研究。2007 年到2008 年，加快实施“资源节约关键技术标准研制”、“用水生活器具强制性节水标准和标识前期研究”、“耗能产品环境模型及评价指标体系研究”等节能减排技术研究，提高节能减排的技术保障能力。2007 年，争取“城市锅炉供热系统节能减排关键技术研究及工程示范”、“重点能源计量标准及检测技术研究”等节能减排项目获得科技部立项支持，争取“工业锅炉节能技术及能效标准研究”、“新能源汽车标准研究”、“工业企业节能降耗标准体系研究与示范”等项目获得公益性科研专项项目支持。

（三十二）加强相关实验室能力建设，提升检验检测水平。“十一五”期间，充分发挥国家和地方各级政府部门在政策、资金等方面的作用，大力扶植现有条件比较好的产品质量监督检验机构组建国家节能减排产品质量监督检验中心；加大对现有的国家节能减排类产品质量监督检验中心、地方各级产品质量监督检验机构检验能力提升、监督检查的力度，扩大节能减排产品的检验范围，提高节能减排产品检验的科学性。在相关产业集聚地规划建设一批涉及能源计量、能源产品检验、电器产品及性能检验、产品节能效果评价等方面的国家质检中心，力争把这批中心建设成为集检验检测、检测技术研发、相关标准制（修）订和试验验证等为一体的检测研发基地。2007 年到 2008 年，进一步加强国家太阳能产品质检中心、国家环保产品质检中心、国家节能产品质检中心、国家节能保温材料质检中心、国家电器能效与安全质检中心等 35 家与节能减排工作密切相关的国家质检中心的建设，增强技术能力和科研开发能力，争取在“十一五”期间使其技术设备和科研能力达到国际水平。同时，努力增强国家质检中心为社会提供相关技术服务的能力，加强节电、节油、节水、节材技术推广。

八、积极推动能效标识的应用

（三十三）加快能效标识应用步伐，为扩大能效标识的实施范围完善技术准备。2007 年发布《实行能源效率标识的产品目录（第三批）》以及冷水机组、燃气热水器、三相异步电动机三个产品的能效标识实施规则。同时，全面开展变频空调、多联式空调、自镇流荧光灯、高压钠灯、轻型乘用车、电磁炉、商用冰柜、微波炉、电热水器等产品能效标识实施规则的研究，为尽快扩大能效标识的实施范围完善技术准备。

（三十四）加强对能效标识的监督检查。开展能效标识的长效监管机制和评估机制的研究，启动社会监督及投诉处理机制的建立，加大市场监督力度，严厉查处违规行为。

（三十五）积极开展宣传和培训工作，推动能效标识的有效实施。采取多种形式开展“注重能源效率、共创节约社会”的系列宣传活动，围绕能效标识制度的相关内容，组织节能管理系统、相关产品生产企业以及销售商分别开展能效标识培训，扩大能效标识的社会影响。

九、加大节能减排宣传教育力度，广泛开展节能、减排、降耗、增效活动

（三十六）以节能、减排、降耗、增效为目标，推进企业广泛采用零缺陷、精益管理等先进质量管理办法。积极开展降耗减损、节能增效活动，增强企业节能环保的社会责任感和

诚信意识。

（三十七）积极开展节能、减排宣传教育活动。“十一五”期间，在每年的质量月、质量万里行活动中，将节能、减排、降耗、增效作为重要内容，营造“提高质量、诚实守信、奉献社会”的企业文化和社会氛围。

附录 15

关于对重点耗能企业开展节能降耗服务活动的通知

（2006 年 3 月 6 日国质检量[2006]71 号）

各省、自治区、直辖市质量技术监督局：

为贯彻《中共中央关于制定国民经济和社会发展第十一个五年规划的建议》，把《节能中长期专项规划》、《加强能源计量工作的意见》落到实处，国家质检总局决定，在“十一五”期间组织对重点耗能企业开展节能降耗服务活动。现就有关事项通知如下：

一、服务活动对象

2006 年首先从冶金、有色金属、石油石化、化工、电力、建材等 6 个重点耗能行业的大企业起开展节能降耗服务活动（企业名单另行公布）；2007 年，各省、自治区、直辖市质量技术监督局根据服务情况，可适当扩展到各行业年消耗能源 10 万吨标准煤以上的其他企业；2008 年至 2010 年，适当扩展到各行业年消耗能源 5 万吨标准煤以上的企业。

二、服务活动目标

（一）使重点耗能单位达到《节能中长期专项规划》中提出的主要产品（工作量）单位能耗指标：2010 年总体达到或接近 20 世纪 90 年代初期国际先进水平，其中大中型企业达到本世纪初国际先进水平（见表 1）。

表 1　主要产品单位能耗指标

产　　品	单　　位	指　　标
火电供电煤耗	克标准煤/千瓦时	360
吨钢综合能耗	千克标准煤/吨	730
吨钢可比能耗	千克标准煤/吨	685
10 种有色金属综合能耗	吨标准煤/吨	4.595
铝综合能耗	吨标准煤/吨	9.471
铜综合能耗	吨标准煤/吨	4.256
炼油单位能量因数能耗	千克标准油/(吨·因数)	12
乙烯综合能耗	千克标准油/吨	650
大型合成氨综合能耗	千克标准煤/吨	1 140
烧碱综合能耗	千克标准煤/吨	1 400

续表 1

产　品	单　位	指　标
水泥综合能耗	千克标准煤/吨	148
平板玻璃综合能耗	千克标准煤/重量箱	24
建筑陶瓷综合能耗	千克标准煤/米^2	9.2

（二）使重点耗能企业满足能源计量器具配备和管理通则国家标准及有关重点耗能行业的能源计量器具配备和管理要求。

（三）使重点耗能企业满足国家标准 GB/T 19022—2003《测量管理体系》(等效采用 ISO 10012 国际标准)对企业计量管理方面的要求。

三、服务活动内容

（一）依据能源计量器具配备和管理通则国家标准及有关重点耗能行业的能源计量器具配备和管理要求，对企业能源计量器具配备情况进行检查，指导企业合理配备计量器具；按照计量法律法规的要求，督促企业按期对所配备的能源计量器具进行检定、校准；组织计量技术机构为企业提供必要的计量检定、校准服务，保证所配备的能源计量器具准确可靠。

（二）依据国家标准 GB/T 19022—2003 对企业开展技术咨询和服务，鼓励和引导企业开展测量管理体系认证工作；根据企业实际需要，对企业计量人员进行培训，组织专家讲座，或就某方面专题进行经验交流，提高企业计量人员的素质，促进企业提高计量检测和计量管理水平。

（三）指导企业加强对能源计量检测数据的应用，积极推广先进的数据采集、分析和管理系统，促进企业提高科学决策的能力和水平，加强对合理使用能源的控制。

（四）支持企业在各地节能监测中心的指导下开展能源平衡测试，帮助企业摸清能耗情况，找出节能降耗的切入点，帮助企业落实节能降耗的具体措施。

（五）支持发展改革委加大节能降耗技术开发、示范、推广的力度，全力支持企业的节能技术改造，组织有关专家或技术人员到企业生产现场帮助解决计量检测方面的疑难问题。

四、要求

（一）各省、自治区、直辖市质量技术监督局要尽快研究制定开展节能降耗服务活动的实施方案，针对不同企业制定出与其相适应的服务措施；与确定的服务企业建立对口联系机制，明确对口联系单位和具体的人员，并落实岗位责任制。各省、自治区、直辖市质量技术监督局要在 2006 年 6 月底前将开展节能降耗服务活动的实施方案报国家质检总局。

（二）各省、自治区、直辖市质量技术监督局要组织技术机构的专家深入企业，了解企业的所急所需，积极为企业节能降耗献计献策，切实帮助企业解决节能技术改造、设备更新中的实际问题，帮助企业达到节能降耗指标要求。

（三）各省、自治区、直辖市质量技术监督局在每年年底前对帮扶企业开展能源计量和节能降耗的情况进行总结，对定点帮扶企业节能降耗的情况进行评估，并上报国家质检总局。对积极组织参加节能降耗服务活动的地方、行业、企业，要通过新闻媒体进行宣传报道，宣传建设节约型社会的先进典型事例，宣传企业节能降耗的成效和经验，逐步形成全社会参与建设节约型社会的良好氛围。

（四）在开展节能降耗服务活动中，除国家明确规定的开展计量器具强制检定的收费项目外，各级质量技术监督部门帮扶企业开展节能活动，组织企业学习培训等，不得以任何名义收取咨询费、服务费等其他费用；要严格执行廉洁自律制度，坚持无偿服务，坚决防止额外增加企业负担。

国家质检总局将在适当时候对各地开展节能降耗服务活动的情况进行监督检查。